KB142494

무리는
생각한다

무리는 생각한다

군지 페기오유키오 지음
박철은 옮김

글항아리

• 차례 •

| 일러두기 |
·본문 중 첨자로 부연한 곳은 옮긴이 주다.

제1부

의식과 무리

'사물'과 '것'의 미분화성

1장 찌르레기 무리와 뇌

셀루스의 일화

큰 하천의 하구 근방에 사는 사람이라면 해 질 녘 모여서 무리를 지어 나는 수만, 수천만 개체로 이루어진 찌르레기 무리를 본 적이 있을 것이다. 그것은 흡사 한 마리의 거대한 생물인 듯 검은 덩어리가 되어 맹렬한 속도로 날아다니다 급선회하며, 때에 따라서는 돌연 산개해서 다시금 하나의 무리로 되돌아온다.

기껏 수십 마리가 이루는 비둘기나 까마귀 무리라면 도심에서도 발견할 수 있다. 그러나 찌르레기 무리를 비둘기나 까마귀 무리와 같다고 상상해서는 안 된다. 비둘기 무리는 개체와 개체 사이에 거리가 있어 저편의 풍경이 보일 정도다. 무리가 그다지 밀집해 있지 않고 또 그 윤곽이 갈가리 찢긴 구름 같아서 도저히 하나의 유기체라는 느낌이 들지 않는다. 기껏해야 같은 장소를 선회하든가, 직선을 그리며 그 장소에서 벗어날 뿐이다. 보금자리로 돌아갈 때 모여서 형성되는 까마귀 무리는 더 느리게 비행하기 때문에 한 덩어리라는 느낌을 받을 수 없다.

거대한 찌르레기 무리는 명확한 테두리를 가진 덩어리의 형태를 띠는데, 밀도가 너무도 높아서 검은 광택까지 느껴질 정도다. 그 모습을 멀리서 바라보면 몸부림치는 거대한 괴물, 예컨대 애니메이션 「원령공주もののけ姫」의 다이다라봇치나 「바람 계곡의 나우시카」에 등장하는 거신병 혹은 에반게리온 같다는 느낌이 든다. 20세기 초경, 다윈주의자였던 영국의 박물학자 에드먼드 셀루스는 찌르레기 무리를 오랫동안 관찰했다. 그는 찌르레기 무리가 매우 재빠르게 움직이면서도 동시에 방향을 전환하는 것을 도저히 이해할 수 없어서, 상세한 관찰을 한 끝에 무리에는 텔레파시에 기반을 둔 '집합적 마음collective mind'이 틀림없이 존재한다고 결론지었다. 다윈의 진화론에 경도되어 생물의 형태나 행동을 과학적으로 설명하려고 하던 그가 말이다. 셀루스의 일화는 누구든 찌르레기 무리를 보면 그 정도로 뚜렷하게 하나의 의식을 갖는다고 생각할 수밖에 없음을 예증한다.

무리 지어 날 때는 상상도 할 수 없지만, 각각의 찌르레기는 물론 독립된 개체로서 생활한다. 낮 동안에는 한 마리의 개체로서 마당에 날아 들어와 돌아다니면서 지표에서 먹이를 찾는 모습을 종종 목격할 수 있다. 참새처럼 양다리를 모아 뛰어다니지도 않고 종종걸음으로 걷는 그 풍경에서는 오히려 어떤 차분한 느낌마저 들어, 개체의 정체성을 참새에게서보다 더 강하게 느낄 수 있다.

그렇지만 찌르레기는 무리가 된 순간 집단으로서의 의사를 갖는 듯, 커다란 하나의 세포가 된 듯이 맹렬하게 날아다닌다. 물론 무리가 하나의 의식을 갖는다는 증거는 어디에도 없다. 단순히 개체 간에 정보의 교환이나 반응이 극히 빨라서, 그 반응 속도 때문에 개체 사이에 정보가 한순간에 전파되는 것처럼 보일 뿐이라고 생각할 수 있다. 집합적 마음의 존재는 결코 실증할 수 없다.

제2부에서 상세히 기술하겠지만, 현대의 과학자는 에드먼드 셀루스처럼 텔레파시 등을 도입하지 않아도 고속으로 이루어지는 정보 전파를 설명할 수 있다고 생각한다. 무리를 형성하는 많은 생물은 거의 모든 방위에 걸친 시계視界를 갖고, 냄새나 소리에도 민감하다. 밀집한 무리 내에서 각 개체는 모든 개체가 무엇을 하는지를 조망할 수 없다. 지각 가능한 것은 기껏해야 자신의 주위에서 움직이는 극소수의 동료뿐이다. 그렇지만 주위 동료의 움직임에 맞춰서 충돌을 피하면서 진행 방향을 맞춘다면, 그것만으로 모든 개체는 진행 방향이 일치하게 되어 전체로서 조화를 갖춘 무리를 쉬이 형성한다. 모든 개체가 각자 주위의 동료에 맞춰 동시에 방향을 잡는다면 순간적인 진행 방향에 관한 정보는 거대한 무리의 끝에서 끝까지 전파되는 셈이다. 각 개체가 내리는 한순간의 판단과 동기同期를 이루는 상호작용이 바로 텔레파시를 대신한다. 셀루스가 말하는 집합적 마음(정보의 공유)은 이렇게 쉽게 부정될 수 있다.

신경세포 집단과 찌르레기 무리

그렇다고 해도 무리가 하나의 의식을 갖는가 하는 문제는 간단히 해소될 수 없다. 이 문제는 다양하게 변주되면서 과학의 도처에서 출현해왔다. 한편 무리가 의식을 갖는지 여부를 운운하는 것과는 별도로 종래 유포되어 있던 무리 모델이나 이론은 여러 문제를 품고 있다고 여겨지게 되었다.

'무리에 의식이 있는가?'라는 질문에서 무리를 신경세포의 무리로 치환해보자. 신경세포의 무리란 곧 뇌다. 의식은 뇌의 산물이라고 누구나 생각하겠지만, 단독으로 배양되는 신경세포는 의식이나 마음의 편린조차 보여주지 않는다. 그렇지만 천수백억 개의 신경세포가 집단이 될 때, 거기에서는 단순한 집단을 넘어서는 '의식'이 출현한다.

무리에서는 부정당하는 집단적 의식이 뇌에서는 역으로 자명한 사실, 설명해야 할 문제가 된다. 찌르레기 무리에서는 완전히 부정되고 신경세포에서는 전면적으로 긍정되는 것이다. 이 차이는 그저 집단적 의식의 존재에 대한 소박한 신념에 의해서 생겨나는 게 아닐까? '신경세포 집단은 의식을 갖는다'가 의심의 여지 없이 옳다고 판단하는 것과 '찌르레기 무리는 하나의 의식을 갖는다'가 의심의 여지없이 틀렸다고 판단하는 것은 동전의 양면과도 같다. 어느 쪽 판단도 안이하고 폭력적이다.

'의식을 갖는다'는 상태나 구조에 대한 근거가 없다면, 어느 날 내가 버스에 올라타려고 할 때 돌연 이런 말을 들을지도 모른다.

"좀비는 이 버스에 탈 수 없습니다. 당신은 인간과 똑같고, 흡사 의식을 가진 듯 행동하고 있습니다만, 좀비일 뿐입니다."

“나는 인간입니다. 실제로 이렇게 당신의 대우에 분노를 느끼고, 분노를 나타내고 있잖습니까. 내 어디가 좀비라는 겁니까?”

“눈으로 들어오는 정보나 귀로 듣는 음성이 기계적으로 처리되고 조건반사적으로 입술의 근육이나 성대를 움직여서 발성하고 있는 데 지나지 않습니다. 의미를 알 수 없음에도 불구하고 의미를 알고 분노를 표명하고 있다는 음성을 내도록 만들어져 있을 뿐입니다. 즉 의식을 갖지 않는 단순한 ‘세포의 무리’입니다. 그것이 바로 좀비의 정의입니다. 당신은 어떻게 봐도 좀비입니다. 빨리 내려주세요.”

만약 신경세포와 찌르레기가 가진 차이의 정도가 당신과 내 신경세포가 가진 차이의 정도와 같다고 가정한다면 당신의 뇌는 의식을 갖고, 나의 뇌는 의식을 갖지 않는 세포의 무리인 셈이 된다. 아무리 강하게 호소해보아도 인간이라는 주장이 통하지 않는 사이, 나는 자신이 실은 좀비였구나 하고 자각하게 될지도 모른다.

일인칭의 ‘것’과 삼인칭의 ‘사물’

‘○○는 의식을 갖는가?’ ‘○○는 마음을 갖는가?’ 하는 질문은 통상 이러한 위험과 표리관계에 있다. 우리는 의식이나 마음을 생각한다는 게 어떠한 문제인지를 정리하지 않고 부주의하게 정의해버린다. 자의적으로 정의 가능하다는 무근거성에 노출돼 있다는 점이 필시 의식이나 마음이라는 문제의 큰 특질일 것이다.

여기서 ‘사물’物과 ‘것’こと을 키워드로 삼아 의식이나 마음에 대해 생

각해보기로 하자. '사물'이란 외부와 구별 가능한 경계를 갖는 대상이고, 외부에서 조작 가능한 실체이며 양으로 셀 수 있는 개념 장치다. '것'이란 무한정하게 전면적으로 전개되는 사태이고 내부에서 경험될 수밖에 없는 사건이며 강도로서 이해되는 개념 장치다. '사물'은 외부에서 조작되고 '것'은 내부에서 경험된다는 의미에서 '사물'은 삼인칭적·객관적 개념이고, '것'은 일인칭적·주관적 개념이라고도 말할 수 있다. 모래 입자 하나하나도 '사물'이지만 수만 개로 이루어진 모래 입자의 집합체도 마찬가지로 '사물'이다. 그 집합체가 하나의 전체인 모래산이라 불릴 때, 모래 입자의 집합체는 '것'으로서 이해된다.

제삼자가 볼 때 "의식이나 마음은 당사자에게 자신의 전체인 '것'이다"라고 상상하게 마련이다. 동시에 그것을 외부에서 관찰할 수밖에 없는 제삼자는 '당사자의 의식이나 마음은 당사자에 의해 소유되는, 당사자 고유의 프라이버시'라고도 생각할 것이다. 즉 의식이나 마음을 소유할 수 있는 어떤 종류의 '사물'로 상정한다. 따라서 제삼자는 의식이나 마음에서 일인칭의 '것'과 삼인칭의 '사물' 양자를 본다.

이리하여 의식이나 마음은 대상화 가능한 '사물'임과 동시에 결코 대상화할 수 없는 '것'이기도 하며, 바꾸어 대상화 불가능한 '것'이 근거 없이 '사물'이 될 수 있는 양의성을 갖는 셈이기도 하다. 따라서 의식이나 마음은 이 양의성에 의해 어쨌든 역으로 대상화—'사물'화—되고, 정의되어버린다.

나는 "일인칭의 '것'과 삼인칭의 '사물'을 접속함으로써 의식이나 마음을 구상하는" 접근이 나쁘지 않다고 생각한다. 그러나 사안이 그렇게 간단하지는 않다. '것'과 '사물'의 소박하고 직접적인 접속은 편리한 양의적 해석을 낳고, '당신은 자신은 모르지만 실은 좀비다'라는 식의 폭력적인 마음이나 의식의 '사물'화—자의적인 정의—까지 낳게 될 것이다. 과연 그러한 독단을 막을 수 있을까? 그렇지 않다면 이는 피하기 힘든, 일종의 필요악인 것일까? 우선은 동물 개체 무리와 신경세포 무리의 차이에 대해 더 자세히 살펴보고 문제의 근간을 부각시켜보기로 하자.

2장 개미가 영어를 알 수 있을까?

동물 무리는 '사물'과 '것'이 괴리되지 않는다

신경세포의 무리, 즉 뇌의 경우 무리의 구성 단위인 신경세포는 전기신호를 주고받으며 처리하는 단순한 기계처럼 생각된다. 하나하나를 분리할 수 있을 뿐만 아니라 내부도 단순한 구조밖에 갖지 않는(듯하)다. 그러므로 신경세포는 '사물'이다. 그렇지만 이 신경세포가 집단이 되었을 때 나타나는 의식은 전체로서의 집단현상(것)이며, 신경세포 하나하나에서는 결코 발견할 수 없다. 그러므로 '사물'은 부분의, '것'은 전체의 고유한 속성으로, '사물'과 '것'이 부분과 전체 중 어느 한쪽에서 양립하지 않는 듯 생각된다.

동물 무리는 어떨까? 앞 장에서 기술했듯이 찌르레기 무리는 하나의 거대한 생물처럼 행동하고, 동시에 무리의 구성 요소는 각각이 하나의 개체이며 주위의 상황을 스스로 판단해서 행동한다. 그러므로 기계보다 훨씬 고도의 시스템이라고 볼 수 있다. 부분은 상황을 판단해서 행동한다. 개체에는 의식과 같은 어떠한 의사 결정 메커니즘이 있는 듯하다. 인간과 같은 의식이라고는 말할 수 없으나, 기계라고 생각할 수도 없다.

그러므로 동물 무리는 단순한 기계를 모방해서 이해할 수 있는 신경세포의 무리와는 명백한 대조를 이룬다. 즉 동물 무리는 신경세포 무리처럼 '사물'(부분)과 '것'(전체)이 괴리되지 않는다. 의사 결정을 하는 찌르레기 개체(사물)의 내부에는 외부(것)와 이어지는 불가사의가 있고, 그런 의미에서 무리의 구성 요소는 전체와 분리되어 있지 않다.

1990년대 NHK의 다큐멘터리 중에 오로지 정어리 무리를 쫓기만 하는 방송이 있었다. 동물을 쫓는 다큐멘터리로서는 꽤 대규모로, 선구적인 기획이었다. 새까만 정어리 무리를 가다랑어 무리가 쫓고, 쥐가오리 무리가 쫓으며, 향유고래 무리가 쫓는다. 이러한 양상을 상공에서 카메라가 연속적으로 포착했다. 상공에서 바라본 쥐가오리 무리는 기하학적인 다이아형 패턴을 형성했고 향유고래 무리는 20마리에 이르는 대집단이었다.

이 무리의 연쇄도 압권이었지만, 다른 약한 개체를 돕는 무리 내부의 영상은 감동적이기까지 했다. 해양 표층을 헤엄치는 정어리 무리 속에서 어떤 개체가 따라갈 수 없게 되었다. 그러자 약해서 헤엄칠 수 없는 개체를 몇 마리의 정어리가 밑에서 밀어 올려 헤엄치는 것을 보조하려고 했다. 이 시도를 몇 번이나 반복했지만, 결국 약한 개체는 움직일 수 없게 되어 조금씩 해저로 가라앉았다. 그러자 도와주던 개체는 가라앉는 개체와 나란히 헤엄치다가 어떤 깊이에 이르자 배웅

하는 듯 같이 헤엄치기를 멈추고 해상을 향해 돌아서서 무리에 합류했다.

물론 이러한 정어리의 행동이 인간적인 윤리관에 의해 뒷받침된다고는 생각할 수 없다. 그러나 인간과는 다른 형태로 개개의 정어리에게는 어떤 사회성이 있다고 말할 수 있지 않을까? 그것을 '원생적原生的 사회성'이라고 부르기로 하자. 원생적 사회성은 명확한 하나의 의식과 같은 단적인 '것'도, 기계라고 판단할 수 있는 단적인 '사물'도 아니다. 오히려 양자가 미분화된 채 개체에 내재한다고 말할 수 있을지도 모른다. 만약 그렇다면 신경세포-의식에 '사물'-'것'이 대응하던 것과는 달리, 동물 무리에서는 개체-무리가 대응할 때 개체 층위에서 이미 미분화적 사물·것이 원생적 사회성이라는 형태로 잠재하는 셈이다.

원생적 사회성과 개미의 응집 패턴

원생적 사회성에 관한 논의를 해보도록 하자. 나는 개미를 이용한 아주 단순한 모델을 사용해 이 문제에 접근하고자 한다. 내 연구실에는 몇 년마다 한 명 정도씩 곤충을 다루고 싶다는 대학원생이 들어오는데, 그때마다 개미로 실험을 했다. 곰개미를 이용한 도구 사용 실험이나 아르헨티나개미로 표지 실험 등을 했고 현재는 고동털개미로 미로나 응집 패턴에 관한 실험을 하고 있다.

아르헨티나개미나 고동털개미는 사육 상자에 설치된 둥지 상자에 익숙해질 때까지 불규칙한 응집 패턴을 만든다. 먹이는커녕 아무것도 없는 바닥 위에 개미들이 모여들어 가만히 머문다. 그러한 응집 패턴이 여기저기 만들어져서 패턴 사이를 개미가 빈번하게 왕래하는 모습을 확인할 수 있다. 이러한 행동은 다음과 같은 단순한 규칙으로 환원 가능하다는 것을 알 수 있었다. 모델을 간략화하기 위해서 바둑판과 같은 격자공간을 가정하고, 개미 개체가 하나의 격자에 배치된다고 하자. 개미 개체의 전후좌우 및 대각선을 더한 여덟 개 격자를 개미 개체의 근방이라 부르자.

첫 번째 규칙은 진행 방향의 관성에 관한 것이다(그림1-1 a). 각 개체는 어떤 확률로, 예컨대 주사위의 눈이 1~5일 때 이전의 진행 방향을 보존하면서 움직인다. 그렇지 않은 경우, 예컨대 주사위의 눈이 6일 때 무작위로 방향을 선택해서 진행 방향을 바꾼다. 두 번째 규칙은 응집에 관한 것이다(그림1-1 b). 근방에 다른 개체가 존재하는 경우, 어떤 확률로 개미는 정지한다. 정지하지 않는 경우는 근방의 격자 중에서 다른 개체가 존재하지 않는 빈 격자 하나를 무작위로 선택, 그곳으로 이동한다. 그리고 세 번째 규칙으로써 먹이(꿀)에 대한 행동을 정의한다. 근방 내에 먹이가 있는 경우, 개미는 그 먹이가 있는 격자로 이동한다. 단 다른 개체가 근방 내에 있는 경우에는 두 번째 규칙에 따라 어떤 확률로 정지하고, 정지하지 않는 경우에는 먹이 쪽으로 이동한다.

규칙은 이렇게 아주 단순한데, 여기서 공간 내에 먹이(꿀)로 문자 패턴 A, N, T를 기입, 개미 모델의 동향을 관찰하기로 하자. 문자 패턴은 투명해서 개미가 꼬여들어야 비로소 볼 수 있다.

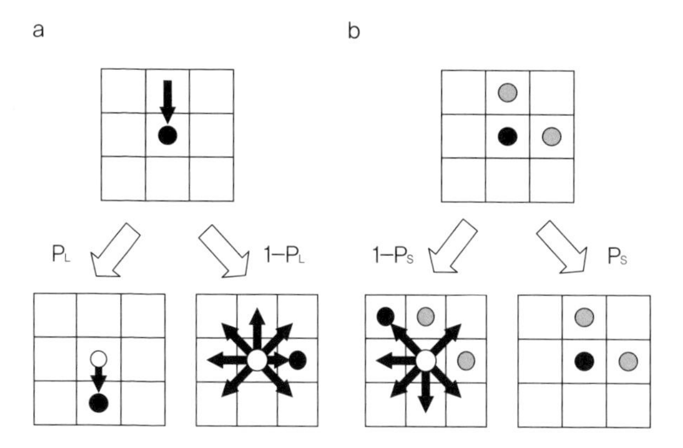

그림1-1 응집하는 개미 모델. 상단 그림에서 검은 원(개미 개체)이 놓인 격자에 대해 주위의 8개 격자가 근방을 이룬다. 보행 관성에 관한 규칙(a) 및 응집에 관한 규칙(b). 회색 개체는 근방 내의 다른 개체를 나타낸다. 하단 그림은 흰 원→검은 원이 실현되는 이동을 나타낸다.

처음에 개미 모델은 공간에 무작위로 배치된다(그림1-2 왼쪽). 여기서 앞서 말한 규칙에 따라 각 개체는 이동을 시작한다. 우선 모든 개체에 일련번호를 주고, 그 번호 순서에 규칙을 적용해서 시간에 따라 전개시켜본다. 첫 번째 개미에 규칙을 적용하여 그 개미가 이동하고 다음으로 두 번째 개미에 규칙을 적용하여 그 개미가 이동한다. 이하 마찬가지로 순번에 따라 규칙을 적용(비동기적 적용)한다. 일단 모든 개체에 규칙을 적용했다면, 일련번호를 다시 무작위로 부여하고 같은 일을 반복한다. 충분한 시간이 지난 뒤, 숨어 있던 A, N, T는 그림1-2 오른쪽 위 패턴처럼 개미가 무리 지음으로써 선명하게 드러남을 확인할 수 있다.

그림1-2 응집 개미 모델에 꿀로 그린 A, N, T 패턴을 준 경우 시간에 따른 전개. 초기 상태에서 개미 모델 개체는 무작위로 배치된다(왼쪽). 규칙을 한 마리씩 순번대로 적용한 경우(오른쪽 위) 및 규칙을 모든 개미에게 동시에 적용한 경우(오른쪽 아래).

다음으로 똑같은 규칙을 모든 개미에 동시에 적용하고(동기적 적용), 이것을 반복한다. 그렇게 얻은 패턴이 **그림1-2** 오른쪽 아래 패턴이다. 아무리 시간을 들여도 A, N, T라는 문자가 명료하게 나타나지 않는다. 개미는 어떤 장소로는 모여들지만 다른 어떤 장소로는 모이지 않는다. 결과적으로 주어진 문자 패턴은 불완전해진다.

규칙의 적용이 비동기적인가, 동기적인가. **그림1-2** 오른쪽 위와 오른쪽 아래 패턴의 차이는 그것뿐이다. 그러나 동기적인가, 비동기적인가는 어떤 격자로 개미의 집중을 허용하는가 아닌가를 나누는 중요한 분기점이 된다. 근방에 다른 개체가 있는 경우, 개미는 정지하거나 비어 있는 격자를 무작위로 골라 이동한다. 이 비어 있는 격자가 매우 중요하다. 복수의 개미가 동시에 주위를 전망하고 동시에 규칙을 적용하는 경우 복수의 개미는 같은 '비어 있는' 격자로 이동할 수 있다.

그러므로 동기적인 규칙을 적용하면 한 개의 격자에 다수의 개미가 집중되는 상황을 허용하게 된다. 한편 규칙을 비동기적으로 적용하는 경우, 한 개의 격자에 두 마리 이상의 개미가 있는 일은 생기지 않는다. 두 마리의 개체가 어떤 비어 있는 격자로 이동하려고 했다고 가정하자. 그러나 동시에 이동하는 일은 없기 때문에 어느 한쪽이 그 격자로 이동했을 때, 늦은 다른 쪽은 비어 있는 다른 격자로 이동한다. 이렇게 개체가 중복되는 일은 피할 수 있다.

규칙의 적용이 동기적일 때는 개미가 특정 장소에 과도하게 집중하기 때문에 공간 안을 충분히 탐색할 수 없고, 숨어 있던 문자 A, N, T는 출현하지 않는다. 규칙의 적용이 비동기적일 때 공간 전체는 빈틈없이 탐색되고, 숨어 있던 문자가 발견된다. 앞서 이동한 개미의 정보가 뒤에서 움직이는 개미에게 간접적으로 사용되고, 규칙상 좁은 범위밖에 보고 있지 않은 개미가 넓은 범위를 전망하는 듯 행동할 수 있다.

비동기적 규칙을 자율적으로 실현하다

비동기적인 규칙을 적용하는 것, 혹은 비동기적인 시간 내에서 규칙을 실천하는 것이 바로 원생적 사회성이다. 여기서 일단 '원생적 사회성을 담지하는 개체의 집단은 의식을 갖는다'고 말해보자. 그렇다. 예컨대 A, N, T를 문자로서 부각시키는 개미의 집단은 영어 ANT를 이해한다고 말해도 좋을지도 모른다. 독자는 물론 그런 바보 같은 일이 있을 리 없다고 생각할 것이다. 그러나 아래와 같은 의미에서 이는 정도의 문제로서 성립한다.

나타나는 문자를 의미가 있는 문자로 이해한다 함은 이것을 검은 점의 집단이라든가 점의 수로서 인식하지 않고 공간의 패턴으로서 확인하고, 거기에서 의미를 발견한다는 것이다. 즉 공간 전체를 조감하고, 밖에서부터 바라봐서 A, N, T를 인식하여 코드화한다. 코드화해서 의미를 발견하기 이전에 우선은 전체를 전망해야만 한다.

여기서 개미 모델의 논의는 전체를 전망하는 행동이 작은 장소마다 실현되는 정보 처리에 의해 어떻게 가능해지는가를 보여주는 예다. 정보를 탐색하는 개미 모델은 근방이라는 극히 한정된 영역, 국소적 영역밖에 지각할 수 없다. 그러나 서로의 작업 영역이 중복되지 않는다면, 주어진 공간 전체를 탐색하고 문자 패턴을 부각시킬 수 있다. 그 원동력이 비동기적 시간이다.

독자는 국소적인 정보 처리를 공간 전체에서 빈틈없이 실행해서 대역적 패턴을 부각시키는 것과 공간 전체를 도감해서 문자를 인식하는 것(지능)은 다른 차원의 이야기라고 생각할지도 모른다. 전자는 서로 독립적인 개미(이 가정이야말로 문제지만) 집단이 실현하는 현상이고 후자는 한 사람의 관찰자, 즉 지각하는 자를 상정한 현상이라 생각되기 때문이다.

그러나 예컨대 인간 시각에서 시각 자극은 우선 망막 층위나 뇌의 제1 시각영역이라 불리는 부위에서 국소적인 상호작용을 함으로써 정보 처리된다. 이때 처리 전체를 전망하는 것은 아니다. 얻어진 정보는 다른 처리로 계승되며 그 계속 이어지는 정보 처리 과정 끝에 전두엽역과 같은 고차 처리를 하는 장소에서 판단되었을 때, 전체를 제어하는(보는) 것이 출현했다고 상정될 뿐이다.

만약 뇌의 일부, 극단적으로 말하자면 단 하나의 신경세포가 최종적 판단을 했다고 생각될 때도, 그것은 한 세포가 최초의 공간 전체를 조감해서 보았음을 의미하지 않는다. 최종 판단에 도달하기까지 공간 전체의 패턴은 축약되고 변형되며 기호가 된다. 진행하는 정보처리의 어떤 순간에든 대역적 정보를 나타내고 이것을 축약하는 기호화 과정을 확인할 수 있다. 즉 각 정보 처리의 층위에 큰 차이는 없다. 그 차이는 정도 문제로 생각할 수 있다.

그러므로 개미 모델에서 A, N, T를 잘 부각시킬 수만 있다면 이 개미 모델 집단이 영어를 기호로서 이해하는 것은 그렇게 어려운 문제가 아니다. 예컨대 숨겨진 문자가 개미로 이어졌을 때, 이어진 것들끼리 정보를 주고받는다고 하자. 여기서 문자를 지각할 수 있을 정도로 충분히 끊어지지 않게 이어졌던 개미가 정보의 주고받음을 통해 어떤 흥분 상태에 들어간다고 생각하는 것은 자연스럽다. 정보는 문자의 형태에 따라 퍼져나가므로, 문자의 형태에 따라 각 개미의 흥분 상태가 다르다고도 상정할 수 있다.

선이 세 갈림길로 이어져 있는 위치에서는 정보를 세 방향에서 얻으므로 흥분 상태가 높고, 이 흥분 상태가 다른 개미에게도 전달된다. 특히 세 갈림길이 근접해 있는 경우에는 상승효과로 흥분 상태가 좀더 높아진다. 이어진 개미의 흥분 상태 전파 양식을 이렇게 준다면 근접한 세 갈림길이 두 개 있는 A를 구성하는 개미가 가장 높은 흥분 상태에 들어가고 다음으로는 세 갈림길이 하나 있는 T, 가장 낮은 흥분 상태는 세 갈래 길이 없는 N이 된다. 이리하여 A, N, T 각각에 무리 지은 개미는 서로 다른 흥분 상태에 들어가고 집단으로서 세 개의 문자를 구별한 셈이 된다. 문자상의 먹이를 다 먹은 개미는 각각의 흥분 상태를 유지한 채, 집단으로서 어떤 행동을 한다. 그것은 ANT에 대한 개미 집단의 응답, 해석이라고 생각할 수 있다.

그렇다면 개미는 영어를 이해하는 것일까? 개미의 응답을 관찰자인 내가 의미 있는 응답으로 이해하고 예스 혹은 노라고 생각했다고 하자. ANT의 예스를 발견한 나는 나아가 그 대답으로서 개미에게 다시 꿀로 문자를 줄 수 있다. 예컨대 'MORE SUGAR' 하고 말이다. 개미 집단은 다시 예스라고 대답할지도 모른다. 어쨌든 나와 개미 집단의 커뮤니케이션이 계속되는 한, 개미가 영어를 이해하지 않는다고는 말할 수 없다.

해석이나 이해는 그 근저에 있는 대역성의 형성이 바탕을 이룬다고 생각된다. 국소적인 정보 처리임에도 불구하고 대역성을 부각하게 만든 것, 그것이 규칙의 비동기적 시간이었다. 그러므로 비동기적 시간이야말로 영어의 해석이나 이해에 있어 바탕을 이룬다고 할 수 있다. 역으로 그림1-2의 패턴은 프로그램을 짜서 커뮤니케이션한 결과이지 실제 개미가 행동한 것은 아니다. 그러면 이 프로그램이 영어의 해석이나 이해의 원동력이 되는 원생적 사회성을 갖는다고 말할 수 있을까? 이 프로그램이 정도 문제는 있을지언정 어떤 종류의 지성, 의식을 갖는다고 말할 수 있을까?

그렇지는 않다. 프로그램에서는 다른 개미가 같은 장소로 중복되는 일을 피하기 위해 항상 순번을 붙이고 이 순번에 따라 규칙을 적용했다. 집단 전체를 전망하고 제어하는, 현실에는 없는 초월적 구조가 주어져 있는 것이다. 개미 집단을 전망하는 초월적인 나—프로그램을 짜는 자—에게 특권이 있었던 셈인데, 현실의 개미 집단에 그러한 초월자는 없다.

이러한 초월자를 상정하지 않고 비동기적 규칙을 적용하기 위해서는 어떻게 하면 좋을까? 먹이에 대한 반응 시간에 변이가 있다는 조건이 그 해답이 될 것이다. 같은 장소를 복수의 개미가 발견하고 그곳으로 이동하려고 해도, 어떤 개미는 재빨리 반응해서 그곳으로 이동하지만 다른 개미는 그보다 반응 시간이 길어 뒤떨어진다. 마찬가지로 다른 두 마리를 비교하면 항상 반응 시간에 차이가 있으며 둘 중 어느 한쪽은 뒤떨어진다. 그렇다면 같은 장소로 개미가 집중되는 것은 피할 수 있다.

그러나 반응 시간의 변이라는 해결책은 실용성이라는 관점에서 보면 불충분하다. 완전히 중복을 피하고자 각 개미의 반응 시간을 한 시간에서 1초 사이로 무작위로 정한다고 할 때, 수백 마리 정도의 개미라면 반응 시간에 차이가 생길 것이다. 그러나 이 경우 비동기적 규칙의 적용에 아주 긴 시간이 필요하므로 실용적이지 않다. 역으로 각 개미의 반응 시간을 1초에서 0.1초 사이로 무작위로 정한다면 그 적용에 시간은 필요 없지만, 이번에는 역으로 반응 시간에 차이가 생기지 않아 반응의 중복을 허용하게 된다.

'초월자 없이 집단이 자율적으로 비동기적 규칙을 구현하기' 위해서는 각 개미의 반응 시간을 서로 독립적으로 정할 필요가 있다. 이렇게 결정된 규칙이 실용적이기 위해서는 각 개미 간의 시간 분포를 조정할 필요가 있다. 그러므로 비동기적 규칙의 적용에는 반드시 어떤 종류의 사회성이 요청된다. 나는 이 '비동기적 규칙의 적용을 초월자 없이 실현하는 자율적 속성'에 원생적 사회성이라는 이름을 붙였다. 비동기적 규칙은 단순히 규칙에 따르는 데만도 사회성을 필요로 한다. 공간 전체를 빈틈없이 탐색하고 선을 이어 문자 패턴을 출현시키는 것만으로도 사회성이 요청되는 것이다.

뮐러리어 착시의 출현

만약 개미가 동기적으로 규칙에 따를 때는 문자가 불완전해지고, 비동기적으로 규칙에 따를 때는 완전한 문자가 출현한다면 그 비동기성은 사회성을 구현한다고 해도 좋다. 그때 개미 집단은 하나의 개체로서 내리는 판단 능력, 즉 지능을 갖는다고 해도 좋지 않을까. 원생적 사회성은 국소를 탐색(근방을 보고 결정)함으로써 대역적 전체를 실현하는 대역성의 축약을 원래 포함하고, 전체와 국소, 미분화적 '것'과 '사물'을 한 개미 개체에 내재시킨다. 그러므로 '사물'인 개미 집단에서 '것'인 한 전체, 한 지성의 출현도 허용할 수 있다고 생각된다.

인간이 A, N, T 등의 시각 패턴을 지각하는 경우에도 유한개의 망막세포나 유한개의 신경세포를 구사해서 가능한 한 광범위한 시각 자극을 고정밀도로 재구성한다. 즉 이 세포들 역시 원생적 사회성을 담지하고, 거기에는 얼마간의 정보 날조가 있다. 시각에서 이 날조의 부작용이 바로 착시라 불리는 것이다. 그림1-3 a에 뮐러리어 착시 Müller-Lyer illusion라 불리는 착시를 제시한다. 바깥 방향(위 그림) 또는 안쪽 방향(아래 그림)의 화살 깃에 끼워진 화살대—화살 깃과 함께 이것을 뮐러리어 도형이라 부른다—는 같은 길이다. 그러나 인간은 안쪽 방향의 화살 깃으로 둘러싸인 화살대 쪽을 길다고 지각한다. 이것은 적은 망막상의 2차원 정보로 더 큰 3차원 공간을 재구성—그것은 날조이기도 하다—할 때의 부작용이라 생각된다. 이러한 부작용은 원생적 사회성을 담지하는 앞의 개미 모델에서도 확인될 것이다. 그렇다면 개미 모델에서도 뮐러리어 착시는 있을 것이고 실제 개미에게서도 틀림없이 확인될 것이다.

그림1-1에서 제시한 개미의 규칙에 알파벳이 아닌 뮐러리어 도형을 준 결과가 그림1-3 a 왼쪽에서 확인되는 패턴이다. 규칙이 비동기적으로 적용되는 한 선분이 이어져 도형은 명료하게 나타난다. 그림1-3 a

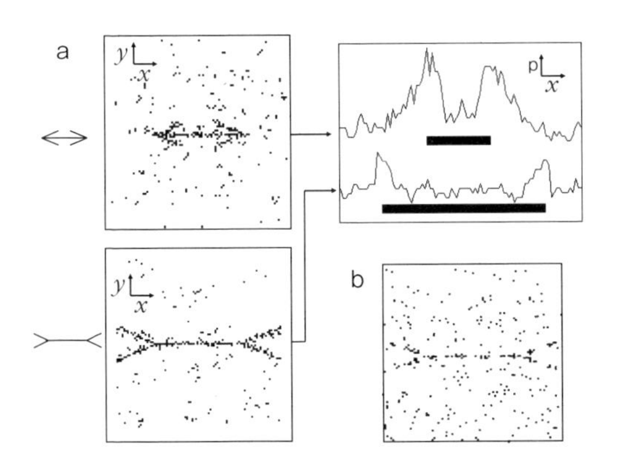

그림1-3 a: 개미의 비동기 오토마톤 모델에 의해 생기는 뮐러리어 착시. b: 동기적으로 규칙을 적용한 경우, 착시는 나타나지 않는다.

왼쪽 그림 내의 x축 방향을 가로축으로, y축 방향으로 이어진 개미의 길이를 세로축으로 취한 그래프가 그림1-3 a 오른쪽이다. 여기서 y축 방향으로 이어진 개미는 화살 깃으로 둘러싸인 화살대의 끝 위치를 바꿔버린다. 그러므로 연속된 개미 길이 그래프의 한쪽 끝과 다른 쪽 끝을 이은 굵은 선분은 뮐러리어 도형 화살대가 지닌 외견상의 길이를 나타낸다고 말할 수 있다. 그것은 바깥쪽을 향한 화살 깃으로 둘러싸인 경우 짧아지고 안쪽을 향한 화살 깃으로 둘러싸인 경우 길어져, 인간의 시각으로 볼 때 착시와 같은 효과를 낸다. 또한 그림1-3 b는 동기적인 규칙을 적용한 결과를 나타내지만, 이때 뮐러리어 도형은 명확하게는 출현하지 않고, 착시의 효과도 확인되지 않는다.

대학원생인 사키야마 도모코崎山朋子 군은 뮐러리어 도형을 꿀로 그리고, 모델과 같은 개미의 응집 패턴이 형성되는지를 조사했다. 여기서 사용한 개미는 마당에서 흔히 발견되는 고동털개미라는 개미로, 뮐러리어 도형으로 배치된 꿀에 무리 지어 모이지만, 꿀을 바른 선 전체에 분포하는 것이 아니라 화살촉의 끼인각 부분에만 집중한다는 것을 확인할 수 있었다. 그림1-3과 같은 해석을 하면 안쪽 방향 화살촉에 끼인 화살대에서 외견상의 길이가 길어지고, 바깥 방향 화살촉에서 화살대가 짧아짐을 알 수 있다. 좁은 범위만 볼 수 있는 개미는 비동기적인 규칙을 적용함으로써 넓은 공간 정보를 축약한다. 그 부작용으로서 인간과 마찬가지로 뮐러리어 착시가 일어난다고 말할 수 있다. 물론 한 개미 개체에게 착시가 실현된다는 것은 아니다. 그러나 앞에서 집단으로서 ANT를 지각한다는 논의와 같은 정도로, 집단으로서 착시를 일으킨다는 논의가 가능하다.

개미 집단의 구성 요소인 한 개체에서 원생적 사회성, 즉 미분화적 '사물'과 '것'의 구현을 발견할 수 있기 때문에 집단의 지성과 의식을 개설할 수 있다. 그렇다면 이 장 처음에 기술한, 뇌에서 '사물'과 '것'이 괴리된다는 관점은 다르게 써야 한다. 만약 "구성 요소인 신경세포가 '사물'이고, 전체로서 생성되는 의식은 '것'이다"라고 한다면 의식의 생성은 불가사의하다. 의식의 기원은 답할 수 없는 문제로 나타난다. 그러나 실제로는 신경세포도 원생적 사회성을 가진 것이고, 의식의 생성이란 '사물'과 '것'의 양의성이 서서히 발전되고 형성되어, 단순히 '보기 쉽게 되었을' 뿐이라고 생각할 수 있다. 그렇게 생각하는 것이 의식의 기원이란 무엇이냐는 문제에 답하는 길이다.

여기서 우리는 '사물'과 '것'을 엄격히 구별하면서 동시에 양자를 혼동하는 것도 가능한 장소로 뛰어들 필요성을 느끼게 된다.

3장 신체 도식과 신체 이미지

개와 고양이에 대한 취향으로 보는 쌍대성

동물 무리에서 '사물'과 '것'의 분화/융합 과정을 발견하기. 이것이 '무리에서 의식을 발견할 수 있는가'라는 질문에 답하는 열쇠다. 이 장에서는 '사물'과 '것'의 양의성을 신체 감각으로서 논의하고 '사물'과 '것'의 관계가 어떻게 동적이면서도 폭주輻輳적인 관계가 되는지를 논할 것이다.

우선 '사물'과 '것'처럼 같은 수준에서 논의할 수 있을 것 같지 않은 두 개념 장치의 관계를 어떻게 일반론으로서 파악할 수 있는가를 살펴보기로 하자. 네 가지 가능성을 생각할 수 있다. 첫 번째 관계성은 이원론이고, 두 번째 관계성은 동형대응에 기반을 두는 일원론, 세 번째 가능성은 변환을 통한 부분적 동형성—이것을 여기서는 쌍대성이라 부르자—을 갖는 관계이며, 나아가 이 중 어느 쪽도 아닌 미분화성으로 열린 네 번째 가능성을 생각할 수 있다. 이상의 네 가지

가능성에 입각한 뒤에 '사물'로서의 신체, '것'으로서의 신체가 갖는 관계가 첫 번째부터 세 번째 중 어느 관계에도 들어맞지 않음을 확인함으로써, 네 번째 가능성이 갖는 의미를 발굴하고자 한다.

첫 번째 가능성인 이원론은 '것'과 '사물'의 분리 독립성을 나타낸다. '사물'과 '것'은 다른 범주에 속한다. 특수와 일반, 대상과 대상에 대한 조작과 같은 쌍을 이루지만 양자를 평평한 같은 지평에서 다루는 것은 범주 오류를 야기한다. 서로 치환될 수 없는 마음과 몸을 상정하는 심신이원론이 그 전형이다. 그러한 관계에 '사물'과 '것'이 있고 서로 통약 불가능하다면 양자는 이원론을 이루는 셈이다.

두 번째 관계성인 일원론은 '사물'과 '것' 사이에서 동형관계가 확인됨을 의미한다. 동형이란 수학에서 사용되는 개념이다. 우선 두 원소의 집단—집합—을 생각해보자. 원소란 서로 구별 가능한 대상을 말한다. 여기서 한쪽 집합에서 한 원소를 선택했을 때, 다른 쪽 집합에서 대응하는 원소가 하나 결정된다고 하자. 나아가 이러한 대응관계에 따라 전자의 집합에서 원소를 빠짐없이 골라내었을 때, 후자의 집합 원소도 모두 대응된다고 하자. 이때 두 집합은 동형이라고 한다. 즉 두 집합은 통약 가능하고 서로 단순한 환언에 지나지 않는다. 동형은 집합 사이에서만이 아니라 원소 간에 어떤 구조가 있는 경우로도 확장할 수 있다.

만약 '사물'과 '것' 각각에 어떤 구조가 있었다고 해도, 확장된 동형관계에 따라 양자의 동형이 드러나면 '사물'과 '것'은 서로 바꿔 읽을 수 있게 되고, 한쪽은 필요 없어진다. 즉 '사물'과 '것'의 양의성은 외견상의 성질일 뿐이고, 일원론으로 회수된다.

세 번째 관계는 쌍대성이다. 첫 번째 가능성과 두 번째 가능성만으로 통상 경우의 수는 끝이라고들 생각한다. 일원론인지 이원론인지를 결정하는 문제가 과학의 목적인 듯이 생각될 정도다. 의식은 마음과 신체를 통일시키려는 물리학으로 이해 가능한 것인지, 그렇지 않으면 심신이원론을 채용해야만 하는지—이것이 궁극의 논의인 듯 떠들어댄다. 그렇지만 쌍대성은 완전한 이원론도 완전한 일원론도 아닌 부분적인 대응관계를 보여준다.

동형대응의 논의와 유사하지만, 두 집합이 아닌 어떤 구조를 가진 두 원소의 집단을 생각해보자. 예를 들어 내가 아는 고양이 종, 내가 아는 개 종이라는 두 집단을 생각해보자. 개, 고양이 집단 각각은 종의 취향에 따라 순서 지어져 있지만 모든 종에 일직선으로 배열된 순서가 부여되어 있는 것은 아니다. 따라서 개 집단과 고양이 집단은 순서의 구조가 다르고 또한 종의 수도 달라서, 단순히 동형대응하지 않는다. 또한 나는 개의 종을 고양이로 치환하면 어떤 종이 될 것인지 바꿔 읽을 수 있다. 마찬가지로 고양이의 종을 개의 종으로 바꿔 읽을 수도 있다. 하지만 개로부터 고양이, 고양이로부터 개로 바꿔 읽는 규칙은 다르다. 이때 개 A를 바꿔 읽은 고양이 A와 고양이 B 사이의 취향 순서가 고양이 B를 바꿔 읽은 개 B와 개 A 사이의 취향 순서로 대응 가능하고 임의의 개 A, 임의의 고양이 B에 관해 이렇게 말할 수 있을 때 이 바꿔 읽기에 관해 개와 고양이 사이에서 쌍대성이 발견된다고 한다.

그림1-4처럼 개의 취향을 굵은 실선, 개에서 고양이로 변환하는 것을 굵은 점선, 고양이에서 개로 변환하는 것을 가는 점선이라 하자. 여기서 고양이의 세계에는 고양이 A밖에 존재하지 않으므로 개 A도 B도 고양이 A로 변환된다. 이리하여 앞 문단의 설명에 따른다면 예컨대 개 A와 고양이 A에 관해서 개 A→변환된 고양이 A(즉 개 B)라는 취향의 관계와 변환된 개 A(즉 고양이 A)→고양이 A라는 취향의 대응관계를 얻을 수 있다. 여기서 화살표는 취향의 순서이고, 같은 고양이 A에 관해 취향의 순서는 동어반복적으로 성립한다고 생각되므로 고양이 A→고양이 A라고 말할 수 있다. 마찬가지로 모든 고양이, 개에 관해 변환을 통한 취향의 순서 대응을 얻을 수 있고 대응관계를 확인할 수 있지만, 고양이의 세계와 개의 세계에 앞에서 기술한 동형대응은 없다. 쌍대성은 일원론도 이원론도 아닌 부분적인 동형관계이고, 두 이미지(위의 예에서는 고양이 종의 세계와 개 종의 세계)에서 직접적으로는 발견되지 않는, 숨겨진 구조(여기서는 순서관계에 관한 구조)다.

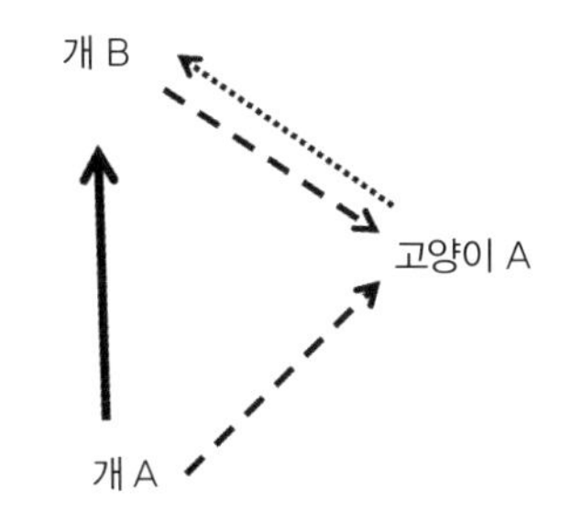

그림1-4 간단한 개와 고양이에 대한 취향에서 읽을 수 있는 쌍대관계

네 번째 관계성은 첫 번째부터 세 번째까지의 관계 중 어느 것도 아닌 관계성이다. 그러나 부정적 정의만으로는 어떠한 것인지 알 수 없다. 그러므로 구체적으로 신체 도식과 신체 이미지의 관계를 채택

해서 이것이 첫 번째 관계부터 세 번째 관계 중 어느 것에도 들어맞지 않는다는 것을 보임으로써 네 번째 관계성을 예시해보자.

신체 도식과 신체 이미지의 동적 관계

우리는 신체라 하면 구체적인 체중과 신장을 갖고 실제로 여기에 있는 육체를 상기할 것이다. 그러나 육체를 확실하게 자신이 소유한다고 자각하고 스스로 잘 조작할 수 있게 되기 위해서는 꽤 긴 시간과 학습을 필요로 한다. 아기는 바로 일어설 수 없다. 걷기 시작하고 뛰어다니기까지는 꽤 시간이 걸린다. 자기 육체의 크기도 자각하지 못해 때때로 기둥이나 벽에 몸을 부딪친다. 그러다 자기 육체의 크기를 파악하고 익숙해져 자유롭게 조작할 수 있게 되었을 때, 육체는 신체가 된다고 말할 수 있다. 즉 신체란 지각이나 인지를 지니게 된 육체이지 기성품ready-made인 여느 물체는 아니다.

신체는 (나에 의해) 조작되는 신체—신체 도식—와 소유되는 전체로서의 신체—신체 이미지—라는 두 양상으로 논의되는 일이 많다. 성장한 보통 어른은 대부분의 경우 자신의 육체에서 신체 도식body scheme과 신체 이미지body image의 일치를 발견할 수 있다. 그러나 항상 발견할 수 있는 것은 아니다. 신체 도식과 신체 이미지는 여러 가지 방식으로 어긋나게 만들 수 있다.

테니스 선수는 테니스 라켓을 마치 자기 팔의 연장인 듯 자유롭게 조작할 수 있다. 어떻게 팔을 늘리면 라켓의 스위트 스폿sweet spot, 공을 치기에 가장 적절한 부분으로 공을 받을 수 있는가를 몸으로 안다. 이 경우 육체와 라켓을 어우른 전체는 신체 도식이고 육체만이 신체 이미지라고 말할 수 있다. 즉 신체 도식은 신체 이미지보다 훨씬 더 큰, 확장된 육체가 된다.

신체 이미지의 변질은 인지과학 실험으로 간단히 실현할 수 있다고 알려져 있다. 고무손 착시나 체외이탈감이라는 착각이 이것에 해당된다. 정교하게 만들어진 고무손을 준비해서 그것을 테이블 위에 두고 진짜 손은 테이블 아래에 둔다. 그리고 고무손과 진짜 손의 같은 장소를 같은 순간에 연필 등으로 건드린다. 예컨대 고무손의 새끼손가락 첫 번째 관절과 진짜 손의 새끼손가락 첫 번째 관절을 동시에 건드린다. 이때 피험자는 연필로 건드리는 테이블 위의 고무손을 계속 바라보고 있고, 테이블 아래의 진짜 손은 볼 수 없다. 그러면 그는 촉각과 시각의 동기로 말미암아 고무손이 자신의 손이라는 감각을 갖는다.

이때 신체 이미지는 육체와 어긋나게 된다. 손의 조작감(움직일 수 있는가 없는가)에 관해서는 실험의 설정상 불문에 부쳐진 상태지만, 손의 소유감을 다른 것으로 전이시키고 어떤 의미에서 확장한 셈이 된다.

자신의 육체를 움직이고 있다는 자각이 있어도 그것이 자신의 신체가 아니라고 느끼는 상황도 가능하다. 이런 종류의 신체 이미지 변질은 아주 간단한 방법으로 체험할 수 있다. 예컨대 자신의 오른쪽 팔을 머리 뒤로 돌려 얼굴 왼쪽으로 내어본다. 곁눈질로 바라보면서 오른손 손가락을 움직여보면 확실히 자신이 움직이고 있다는 자각을 함과 동시에 '이것은 내 손이 아니라 다른 누군가의 손이다'라는 감각을 가질 수 있다.

이전에 학부생이 졸업 논문에서 했던 실험은 그림1-5처럼 손바닥을 보는 방식에 관한 것이었다. 오른쪽이어도 왼쪽이어도 상관없다. 팔을 비틀어서 자신에게 엄지손가락이 보이지 않도록 한다. 특히 그림1-5처럼 손가락을 꺾으면 효과적인데, 자신의 손이 침팬지의 손이나 외계인의 손처럼 보이게 된다.(한쪽 눈을 감고 원근감을 지우면 좀더 효과적이다.) 이때 손가락을 꺾는 동작, 손바닥을 마는 동작은 확실히 자신의 것이라고 느낄 수 있다. 다른 한편, 손에 대해 느끼게 되는 기묘한 위화감은 없애기 어려우며 자신이 움직이고 있을 터인데도 자신의 손이 아니라고 느끼게 된다.

머리 뒤로 돌려서 얼굴 옆에서 앞으로 낸 손이든 엄지손가락을 숨긴 손바닥이든, 통상의 낯익은 위치나 형상과 현저히 다르게 나타나는 손은 자신의 것이 아니라고 느껴진다. 조작감은 유지되지만 소유감은 상실된다. 이는 신체 도식은 보존한 채 신체 이미지의 변질이 일어나는 것으로서 고무손의 착각과 다른 점은 소유감이 생성되지 않고 상실된다는 점이다. 이 경우 신체 이미지는 육체보다 축소된다고 말할 수 있다.

자신의 육체가 움직이고 있는 상황에서 자신의 신체지만 누군가가 조작하고 있다고 느끼는 경우도 상정할 수 있다. 이러한 상황은 보통 인간은 경험할 수 없지만, 문화인류학이 이러한 사례를 연구 대상으로 삼고 있다. 바로 영매 등에 어떤 것이 빙의해서 스스로를 움직이고 있다고 느끼는 경우가 이에 해당된다. 내 몸이 누군가에 의해 조작된다고 느끼는 경우, 신체 이미지는 육체와 일치하는 반면 신체 도식이 축소하고 있는 셈이다. 바로 그림1-5의 상황과 반대다.

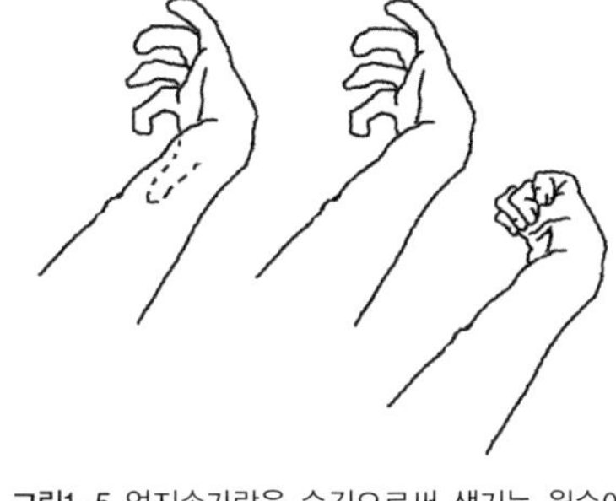

그림1-5 엄지손가락을 숨김으로써 생기는 원숭이(혹은 외계인) 손바닥 착각. 손가락을 구부리면 작은 발바닥처럼 보인다.

이상으로 신체 도식은 육체를 대상화하고 조작한다는 의미에서 '사물'로서의 신체임을 이해할 수 있다. 이에 비해 신체 이미지는 나(또는 나의 의식)에게 소유되고 동시에 내가 귀속하는, 대상화되지 않는 전체로서의 신체라고 이해할 수 있다. 즉 그것은 '것'으로서의 나다.

여기서 든 예—테니스 선수—나 인지 실험, 빙의로 느껴지는 신체 감각 등은 모두 신체 도식과 신체 이미지가 흡사 독립적인 두 양상인 듯 변화하여 어긋남을 야기하는 표상이다. 이 단계에서 일원론은 부정된다. 그러면 두 양상은 이원론적으로 이해되는 것일까? 양자가 항상 어떤 상호작용도 없이 쌍이 되는 요소를 변화시키는데도 쌍을 유지한다면 이원론적이다. 그러나 여기서 든 신체 이미지와 신체 도식의 변질은 자명한 자신의 육체에 한정된 두 양상이라고는 말할 수 없다. 어떤 경우에는 신체 도식이 신체 이미지를 그 크기에서 능가하고 다른 경우에는 그 역이 성립한다. 즉 양자는 상호작용하고, 서로 영향을 미침으로써 상보적으로 변화한다. 때에 따라서는 한쪽이 상실

되는 경우도 있다. 그러므로 결코 서로 독립적이지 않으며, 따라서 이원론을 구성하지 않는다.

세 번째 가능성에 관해서도 생각해보자. 쌍대관계에서는 가능한 신체 도식 전체, 가능한 신체 이미지 전체를 구상하고 적당한 변환을 통해서만 대응관계를 확인할 수 있다. 거기에는 이원론적 가치와 변환을 통한 대응관계, 즉 일원론적 해석이 항상 겹쳐 있을 따름으로 이원적 성분, 신체 이미지와 신체 도식이 융합과 분화를 반복하는 시간적 변천은 확인되지 않는다. 결국 신체 이미지와 신체 도식의 동적 관계는 쌍대성에는 해당되지 않는다고 할 수 있다.

신체 도식(사물)과 신체 이미지(것)의 관계, 첫 번째부터 세 번째까지의 관계성으로는 말할 수 없는 관계성을 어떻게 파악할 수 있을까? 신체 도식과 신체 이미지는 육체를 경첩으로 하여 연결하면서, 육체를 둘러싸 관여하는 외부 세계—환경—를 매개자로 해서 상호작용하고 변질된다. 따라서 내가 환경 속에서 존재하는 이상 신체 도식과 신체 이미지의 상호작용은 불가피하게 부단히 계기繼起하고 진행한다.

육체는 시각, 청각, 촉각이라는 감각을 갖는다. 따라서 육체의 확대로서 성립하는 신체는 육체 이외의 장소에서 감각을 동반할 가능성이 있고 육체가 축퇴해서 성립하는 신체는 육체의 어떤 감각을 잃게 할 가능성이 있다. 예컨대 테니스 선수는 테니스를 치는 환경 덕분에 신체 도식이 확장된다. 이때 신체 이미지도 어떤 변화를 받아들이지 않을까? 프로 테니스 선수라면 라켓이 코트에 부딪혔을 때의 충격이 신체 자체에 부딪힐 때의 충격에 가까운 경우가 있지 않을까? 차를 신체의 연장처럼 자유롭게 조작하고 아끼는 소유자가 차에 난 흠집으로 위가 아파지는 일이 단순히 문학적 표현인 것만은 아니다. 이것은 신체 도식의 변질에 동반해 신체 이미지도 변질될 수 있다는 것, 감각 영역의 확대를 보여주는 것이라 생각할 수 있다. 또한 고무손에 소유감을 전이시키는 데 성공하면 자기 진짜 손의 표면 온도가 내려가는 경우가 있다. 이 감각 영역이 갖는 어떤 종류의 축소는 인지 실험으로 확인되었다.

고무손의 착각에서는 고무손을 놓고, 시각과 촉각이 동기화한 환경을 부여함으로써 신체 이미지가 변질되었다. 신체 이미지와 신체 도식이 밀접하게 연관되고 상호작용한다는 것은 양자의 관계가 변질하면서도 견고하다는 것을 보여준다. 단 고무손 착각의 경우, 양자의 관계는 쉽게 붕괴해버린다. 손가락을 조금이라도 움직이는 순간(이 경우 진짜 손가락은 움직이지만 고무손은 움직이지 않는다) 신체 도식이 진짜 손에 머무른다는 것이 확인되고 고무손의 착각은 사라져 신체 이미지는 진짜 육체로 회귀한다.

이리하여 신체 도식과 신체 이미지는 끊임없이 상호작용하고 양자가 접합하는 전체로서 신체가 개설된다고 해도 좋다(그림1–6). 테니스 선수에게 나타나는 신체 이미지에 대한 신체 도식의 확대(그림1–6 a), 고무손의 착시에서 신체 이미지의 확대(그림1–6 b) 그리고 원숭이 손바닥의 착각에서 신체 이미지의 축소(그림1–6 c)는 신체 이미지(것)와 신체 도식(사물)이 거침없이 그 포함 관계를 바꿔가며 계속 변질한다

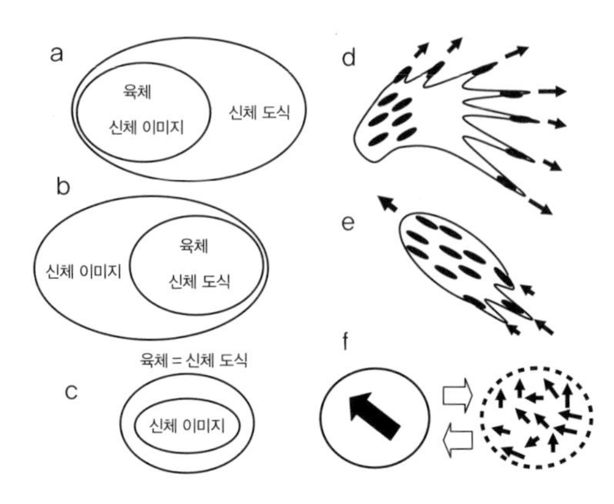

그림1-6 신체 이미지와 신체 도식의 동적 관계와 그것에 대응하는 동물 무리의 행동. a: 테니스 선수가 쥔 라켓에서 나타나는 신체 도식의 확장. b: 고무손의 착각에 따르는 신체 이미지의 변질. c: 원숭이 손바닥의 착각에서 나타나는 신체 이미지의 축소. d: 모인 무리가 뿔뿔이 흩어지는 행동. e: 한 방향으로 움직이는 무리로 개체가 수렴해가는 행동. f: 같은 방향성을 갖고 운동하는 무리(것)와 흩어진 무질서한 무리(사물).

는 것을 보여준다. 이는 '것'과 '사물'이 분화·융합을 거쳐서 계속 변화함을 보여준다고 할 수 있다.

이 신체 도식과 신체 이미지의 관계는 동물 무리에서 어떻게 발견될까? '사물'이 '것'을 능가하는 상황은 같은 방향성을 가지고 일관되게 움직이는 무리가 흩어져 무너져가는 순간이고(그림1-6 d), 역으로 산개한 개체가 모여서 하나의 연동 형태를 가진 무리를 형성하는 순간(그림1-6 e)은 '것'이 '사물'을 능가하는 상황이다. 단 이러한 변화가 허용되기 위해서는 흩어진 집단(사물)도 모여야 할 하나의 집단(것)이라는 전제가 필요하다. 그것은 '사물'과 '것'의 미분화성을 전제로 한다. 무리는 흩어진 오합지졸(사물)이면서도 동시에 모여야 할 하나의 전체(것)다. 이 미분화성에서 양자가 분화한 찰나, 양자의 통합 불가능한 양의성(그림1-6 f)이 발견된다.

나아가 이것은 철학자 르네 데카르트가 제시한 주체, 코기토의 구조이기도 하지 않을까? "나는 생각한다. 그러므로 나는 존재한다." '생각하는' 순간, 생각되는 '사물'로서의 나와 생각하는 '것'으로서의 나는 쌍으로 형성된다. 그리고 '그러므로 나는 존재한다'에 의해 개설되는 나는 양자의 접합적 전체로서의 '나'(코기토)다.

동시에 이 문구는 '사물'로서의 나와 '것'으로서의 나가 갖는 미분화적인 상相도 깨닫게 해준다. 왜냐하면 내가 나에 관해 생각하여 '사물'로서의 나와 '것'으로서의 나의 분화를 현재화시킴으로써 양자를 접합한 '나'가 발견되지, 내가 나에 관해 생각하기 이전에 '사물'과 '것'은 오히려 미분화 상태여서 구별되지도 않기 때문이다. 그렇다고 해서 이 '나'가 일원론을 의미하지는 않는다. 흡사 독립적인 듯 보이고 상호작용하면서도 통합을 허용하지 않으며 일단 구별되어서 이해된다면 접합으로밖에 보이지 않는 존재 양식 아래에서 존재한다. 여기서 우리는 '사물'로서의 나와 '것'으로서의 나가 엄밀하게 분리되면서도 혼동됨을 볼 수 있다.

'나'는 생각한다는 사건을 매개로 해서 '사물'과 '것'의 양의성을 드러낸다. 신체 도식과 신체 이미지는 육체를 통해서 그 양의성을 드러낸다. 동물 무리는 필시 자신이 적응해온 환경을 통해 '사물'과 '것'의 양의성을 드러낸다고 생각된다.

4장 스웜인텔리전스:
무리의 지능을 다시 생각하다

스웜 로봇의 지능

2장에서 기술했듯이 신경세포를 개미와 같은 동물 개체에 대비해서 신경세포 무리 전체에 출현하는 의식을 무리 전체로서 발동되는 지능과 대비하려고 하는 연구가 스웜(벌레) 인텔리전스라는 이름으로 널리 이뤄지고 있다. 그러므로 이 장의 끝에서, 스웜인텔리전스의 일반적인 문제점을 정리하고 무리의 의식을 논함에 있어 그 지침을 명확하게 해두고자 한다.

행위가 가능한 세계, 말하자면 환경세계를 한정할 때 그 환경에 대해 적응적으로 행동할 수 있는 조작, 조건 판단을 하나의 알고리즘으로서 구현할 수 있다면, 그것은 지능이라 부를 수 있다. 민스키는 이런 식으로 인공지능을 구상했다. 그의 연구는 여러 문제를 품고 있었는데, 비판을 받으면서도 이른바 '지능이란 무엇인가'라는 본질적 논의를 무시하면서 계속 진행되고 발전했다. 그러나 바로 이 무시로 인해 지능이 본질에 의해 규정되어야 하는 것은 아니라는 인식이 광범위하게 퍼져, 다양한 지능 모델이 출현했다. 최근 신체화된 지능, 무리로서의 집단지능collective intelligence이라는 지능 모델이 제창됨에 이르러, 의식과 무리의 관계는 지능과 무리의 관계로 치환되어 논의되었다고 말해도 크게 틀리지 않는다.

집단지능이란 하나하나로서는 지적 판단이 불가능한 단순한 벌레(스웜) 로봇이 집단으로 행동함으로써 지적 판단이 가능해지도록 하는 지능 모델이다. 특히 로봇이 모두 같은 판단 메커니즘을 갖고, 무리로서 행동할 때 지능이 발견되면, 스웜인텔리전스라는 용어를 사용한다. 그 단적인 예는 그림1-1이나 그림1-2에서 제시한 개미 로봇(여기서는 로봇이라 생각하기로 하자)이다. 각 개체는 단순하게 국소적 규칙만으로 돌아다니는 데 지나지 않지만, 집단으로서는 공간 전체의 탐색을 가능케 한다. 공간 내에 숨어 있던 문자 A, N, T는 개미 로봇 한 마리의 활동으로는 결코 나타나지 않는다(그림1-2). 집단이 됨으로써 비로소 패턴을 발견하는 지적 계산이 실현되었다고 생각할 수 있다. 그러므로 집단지능이라 부른다.

스웜인텔리전스에서 나타나는 일반적 문제를 순서대로 생각해보기로 하자. 첫 번째로 여기에는 지적 발견을 실현한다는 의미에서 지성이 있는가 하는 문제가 있다. 이 문제에는 창발, 자기조직화 그리고 프레임 문제가 관여한다. 두 번째는 첫 번째 문제와 이어지는 스웜의 신체 문제다. 지성의 신체화와 직결되는 문제다. 앞 장에서 '나'의 모델로서 신체 도식과 신체 이미지를 채택했듯이, 신체와 나, 의식, 지성은 다른 문제계는 아니다. 세 번째는 무리 전체의 행동에 대해 개체가 갖는 다양성의 문제다. 스웜인텔리전스의 목표 중 하나로 로봇 축구 시합(로보컵)을 들 수 있는데, 복수의 로봇 간에 복잡한 패스를 해서 골 앞의 로봇이 슛을 하는 기능은 아직 실현되지 않았다. 이렇게 개체가 개성을 유지하면서도 집단 전체로서 하나의 기능을 실현할 수 있는가 하는 게 세 번째 문제다.

창발과 자기조직화

첫 번째 문제, '스웜에서 지성을 발견할 수 있는가'에 관해 생각해보자. 스웜인텔리전스를 다루는 연구자(공학자)는 인간 지능의 현실적 모델을 만들려고 하지는 않는다. 그러나 그 공학적 목표는 무리의 의식이라는 문제계와 직접 관계한다. 단순한 상호작용 규칙만을 구현한 에이전트(상호작용을 담지하는 무리의 구성 요소는 이렇게 불린다)가 에이전트 층위에서는 결코 발견할 수 없었던 기능적 행동을 무리 전체 층위에서 실현한다. 이것이 스웜인텔리전스의 목적이다. 이러한 행동은 일반적으로 창발이나 자기조직화라 불린다.

그러나 개미 로봇은 미리 입력해둔 프로그램이 하는 것 이상의 행동을 하지는 않는다. 그렇다면 모든 행동은 미리 알고 있던 것이고, 여기에는 어떤 창발성도 없는 듯하다. 또한 프로그램도 설계자가 입력한 것이므로 거기서 자기조직화라는 성격을 확인할 수 있을 것 같지 않다. 소박하게 생각하면 그렇다. 그렇지만 설계자가 어디까지 의도해서 프로그램을 짰고, 그 행동 중 어디까지를 전망하고 있었는지를 생각해보면 결코 모든 것을 전망하고 있던 것은 아니다. 개미 로봇의 수를 얼마로 할 것인가, 어느 정도 넓은 공간을 탐색할 것인가 등 설계자가 미리 다 알 수 없는 정보가 현실의 개별 상황에 등장한다. 실제로 숨어 있는 큰 문자를 발견하는 문제와는 관계없이 나는 그림1-1의 규칙을 정의했다. 그러므로 비동기적 규칙을 실현함으로써 ANT가 발견되는 것은 상정했던 영역 바깥의 사건이자, 창발이었다.

여기서 새로운 예상외의 사태가 일어났다는 성격, 즉 창발이라는 성격을 부정하기 위해서는 '모든 것이 미리 준비되어 있었다'라고 말해야만 한다. 그러나 이 '모든 것'을 명확하게 규정하기란 불가능하다. 그러므로 예상외의 사건이 출현하는 것을 부정할 수는 없다.

또한 자기조직화를 부정하기 위해서는 설계자가 모든 것을 준비하고 거기에 자기가 관여할 여지는 없다고 말해야만 한다. 그러나 '모든 것'과 마찬가지로 미리 '자기'를 명확하게 결정할 수는 없다. 집단 전체로서의 자기는 단순히 한 개의 개미 로봇이 아니라 수가 미리 결정되어 있지 않은 복수의 개미 로봇으로 이루어지고, 또한 주어진 공간의 성격이나 크기 등 조건에 의존해서 변화한다. 즉 설계자가 사전에 규정할 수 없다는 의미에서 여기에는 자기조직화의 여지가 있다.

아무리 인간의 성격이나 능력이 유전자에 의해 프로그램되어 있다고 해도 인간이 성장하는 환경에 따라 유전자의 발동 조건 자체가 변화해버리므로, DNA 지상주의는 성립하지 않는다. 로봇의 창발이나 자기조직화도 같은 정도의 문제다.

그렇지만 전체나 자기가 미정의 개념임을 인정함으로써 창발이나 자기조직화를 옹호하고 스웜인텔리전스를 옹호한다는 입장은 양날의 검이다. 상정 밖의 사태가 출현하는 것은 로봇공학에서 프레임 문제라는 극히 해결하기 어려운 과제의 뒤집힌 표현이라고도 말할 수 있기 때문이다.

목욕탕의 수돗물을 그대로 틀어놓은 소리가 들린다. 수도를 잠그기 위해 로봇에게 "수도를 잠그고 와"라고 하면, 청각이 대단히 뛰어난 로봇은 건물에서 사용하고 있는 모든 수도를 탐지하고, 어느 것을 잠그면 좋은지, 모든 것을 잠가도 좋은지 정하지 못해 머뭇거리다 판단 정지 상태가 되어 한 발자국도 움직이지 못한다. 다시 "이 집 수도를 잠그고 와" 하고 말해도 목욕탕의 수도꼭지를 잠글지, 수도국에 전화해서 물의 공급을 끊을지 정하지 못해 또 판단 정지 상태가 된다. 인간이 상식이라고 생각하는 자명한 전제(프레임)를 하나하나 기술해야 하므로, 수습이 되지 않는다.

아무리 모든 전제를 미리 열거하려고 노력해보아도, 무한정하게 새로운 전제를 열거할 수 있으므로, 원리적으로 모든 전제를 열거하기란 불가능하다. 그것이 프레임 문제다. 로봇은 프레임 문제에 노출되기 때문에 긍정적이고 창발적인 행동을 보인다. 그리고 역으로 프레임 문제에 의해 부정적 결과를 얻는다고도 상정할 수 있다. 그림1-1의 규칙으로 정의된 개미 로봇에게 A, N, T가 아닌 닫힌 루프 O를 도형으로 주고, 거기에 비가 내리게 되었다고 하자. 루프를 따라 정렬한 개미 로봇 때문에 루프 안쪽에는 물이 고이게 되고, 로봇은 전부 못쓰게 되어버린다! 설계자가 모든 것을 상정하지 않기 때문에, 상정하지 않았던 좋지 않은 사태도 일어날 수 있다.

상정하지 않았던 사태는 주어진 환경에서 좋을 때도 있지만 나쁠 때도 있다. 반대로 자기조직화란 상정하지 않았던 적용하기 어려운 사태가 생겼을 때(나쁜 경우) 스스로 선택하여 자신을 수정하는 시스템이다. 적응하기 곤란하다고 평가될 때 보통 시스템이 상정했던 것의 외부를 그 내부로 도입하는 시스템에서 그것은 가능하다.

상정 외부를 내부로 도입함이란 말하자면 시스템의 행동 규칙을 바꿔버리는 것이다. 예컨대 앞에서 기술한 개미 로봇이 꿀로 그린 선을 따라 늘어서는 것이 비로 인해 어렵게 된 경우, 같은 장소에서 다른 개체와 중복할 수 있도록 규칙을 바꾸면 아래에 위치하는 로봇을 발판 삼아 겹치게 되어서, 위에 위치하는 로봇은 젖지 않으며 망가지지 않는다. 이리하여 좀더 잘 적응하는 로봇 집단으로 자기조직화할 것이다. 즉 자기조직화하는 시스템이란 '좋다' '나쁘다'라는 평가축과 '상정한 것 내부에 머무르는 규칙을 바꾸지 않는다' '외부를 내부로 도입, 규칙을 바꾼다'는 축 양자가 연관됨으로써 환경에 대한 적응을 실현하는 시스템이라 말할 수 있다. 그러나 그처럼 편리한 연관성을 미리 만들 수 있을 리가 없다. 그러므로 생물 진화론에서는 변화를 여러 방향에서 다수 실현하고, 그중에서 좋은 것을 선택한다는 식으로 설명한다.

자기조직화하는 적응적 시스템을 실현하는 한 방법은 시스템의 적응적 평가 대신에 시스템 내의 가장 국소적인 평가를 규칙의 변화와 연동해서 도입하는 것이다. 적응적 평가란 통상 시스템 전체의 기능에 대한 평가다. 완성된 전체를 평가하기 때문에 여기서 시스템 내부를 바꾸면 역으로 비적응적 행동이 출현하고 시스템이 붕괴할 가능성도 크다. 국소적인 평가란 시스템 전체의 관계에 따르지 않는 부분과 부분의 관계다. 어떤 부분과 접속하는 부분 사이 관계만을 끊임없이 정합하게 한다. 소소한 관계가 끊임없이 변경될 뿐임에도 불구하고 그것은 어느 순간 큰 시스템의 변동, 규칙의 변화를 일으킨다. 이러한 변동을 실현하기 위해서는 상정한 것 내에 머무르기와, 상정한 것 바깥을 내부로 도입하기 간의 구별을 불명료하게 만들 필요가 있다.

개미 로봇의 경우 규칙의 비동기적 적용이 상정했던 사태 내부와 외부의 구별을 불명료하게 하는 장치로서 작용한다. 전술했듯이 개미 로봇의 규칙이 그림1-1에서 제시한 것과 같아도, 규칙의 적용이 동기적이라면 개미가 겹치는 것이 허용되고, 충분히 비동기적이라면 허용되지 않는다. 이 비동기성, 즉 각 로봇에서 시각 자극에 대한 반응 속도가 끊임없이 조정된다면, 비동기적이었던 규칙의 적용이 어느 순간 돌연 동기적으로 보이는 사태가 일어날 것이다. 공간 내에서 어떤 장소가 좋은가 나쁜가 하는 판단은 없다. 그러나 비가 내렸을 때, 비의 영향으로 반응 속도가 빨라지는 일은 있을 것이다. 이것이 대역적 평가와 무관계한 국소적 평가, 부분 간의 정합화다. 이리하여 동기적 규칙의 적용이 실현되고 개미가 겹쳐져, 위에 올라탄 개미 로봇은 망가지지 않고 살아남는다.

단순한 변화(대부분 실패한다)가 아닌 적응적 변화를 실현하기 위해서는, 즉 상황이 좋지 않을 때 상정했던 사태 외부를 내부화하기 위해서는 상정했던 사태 내부와 상정했던 사태 외부의 구별을 연속적으로 불명료하게 함과 동시에 평가를 국소적으로 만들면 된다. 구별을 불명료하게 함으로써 상정 내부, 상정 외부의 경계는 명확한 선이 아닌 폭을 가진 영역이 된다. 영역이기 때문에 이 축에 비스듬히 교차하는, 적응적인가 여부에 대한 기준을 갖는 축이 포함되어 완만한 적응이 실현된다. 자기조직화는 기묘한 것이 아니라, 자기 유지의 정의가 모호해짐으로써 생기는 과정이다.

국소적인 지리만으로 스스로 운동하는 개미 로봇이 대역적 정보, 즉 ANT를 부각시키고 규칙의 비동기적 적용과 조정으로 상정 외부(것)와 상정 내부(사물)를 자유롭게 왕래하는 사례는 바로 적응/비적응의 축과 상정 내부/상정 외부의 축이 상관을 갖는 사례다. 즉 개미 로봇에게 상호 조정을 포함하는 원생적 사회성은 자기조직화를 표출할 수 있는 원리이자 대역적 전체를 부분으로 치환할 수 있다는 점에서 개체화, 인격화, 주체화, '것'의 '사물'화를 가능케 한다. 여기에는 확실히 집단이 발생시키는 지성이 있다고 말할 수 있다.

신체성, 다양성의 구현

스웜인텔리전스의 신체성은 오토포이에시스를 주창한 프란시스코 바렐라가 그 뒤 제창한 '신체화된 마음'에서 유래하는 문제다. 마음은 순수하게 세계나 물질, 육체로부터 유리된 추상적 개념이 아니다. 육체가 없는 곳에서 마음은 생기할 수 없다. 의식이나 마음은 오히려 신체에 매입되어 있다는 것이 그 주장의 골자다.

바렐라는 그 뒤 로봇공학자인 롤프 파이퍼와 함께 감각-운동계가 갖는 신체의 의의를 강조했다. 인간도 로봇도 외계에서 오는 자극을 감각기관으로 받아들이고 그 의미를 판단(계산 처리)한 뒤, 근육 등의 운동처리계로 계산 결과를 보내 외계로 작용한다. 그는 그때 감각계(입력)와 운동계(출력)를 묶는 도중의 계산 처리를 신체 그 자체도 꽤 큰 비중으로 담지한다고 강조했다. 그것은 뇌나 중앙처리장치CPU가 행하는 계산을 신체로 생력화省力化하는 것이다.

예컨대 사족보행 로봇의 앞다리와 뒷다리를 어떻게 운동시켜서 사족보행을 실현할 것인가를 구하려면 상당한 계산이 필요하다. 그러나 독립적으로 움직이는 앞다리 부분과 뒷다리 부분을 겹판 스프링으로 결합해주면 앞다리와 뒷다리는 균형을 잘 잡아 사족보행으로 전진할 수 있다. 계산이 아닌 겹판 스프링의 유연성이 앞뒤의 정합화를 이루어내는 것이다. 또한 강철제 손가락을 가진 암arm로봇이 달걀을 으스러뜨리지도 떨어뜨리지도 않고 성공적으로 들어올리기 위해서는 달걀에 가하는 압력감에 대한 방대한 계산이 필요하다. 이것도 손가락에 두꺼운 고무 피막을 입히면 계산의 생력화가 실현된다. 육체를 갖는 인간의 경우 바로 피부로 그러한 계산의 생력화를 해내는 것이다.

스웜인텔리전스에서 신체성의 문제는 새의 무리 로봇처럼 진행 방향 조정형 모델로 논의된다. 계산기 내의 가상공간에서 이러한 무리의 시뮬레이션을 행하는 경우 각 로봇이 주위의 로봇 사이에서 진행 방향을 일치시키기는 쉽다. 어느 시각의 위치와 다음 순간의 위치를 묶음으로써 단위시간당 속도를 간단하게 확정할 수 있기 때문이다. 한편 현실에서 물질적 신체를 갖는 로봇의 경우 주위 로봇의 속도를 계산하려면 카메라로 얻은 영상 데이터에 기반해서 방대한 계산을 해야만 한다. 여기에 신체성을 고려할 가능성이 있다.

신체성이란 입력과 출력을 잇는 논리적 계산 과정(이진법 계산으로 치환할 수 있는 디지털 계산기로 가능한 계산)을 매개/간섭하는 비논리적 계산이라 할 수 있다. 비논리적 계산은 앞서 말했듯이 기성품인 고무막이나 겹판 스프링, 피부로 구현 가능할지도 모른다. 현실의 동물 무리라면 서로의 냄새나 소리 등을 총동원해서 시각 정보에 관한 계산을 매개/간섭하고, 주위 에이전트의 속도를 계산하는지도 모른다. 어쩌면 무리를 구성하는 동물은 주위의 에이전트를 독립된 개체로서 하나하나 인식하고 그것을 통합, 합성하는 계산 수단을 취하지 않는지도 모른다.

무리 모델이나 로봇은 대부분 같은 아이디어에 기반한다. 각 개체에 입력되는 것은 주위 다른 개체 정보의 집합으로, 이것을 계산해서 하나의 정보로 통합하고, 자신의 행동으로 출력한다. 개별적인 정보 집단을 각각 정확하게 확정해서 통합한다. 그것이 각 개체가 계산하는 것으로 상정된다. 이 '개별적인 정보의 집단을 각각 정확하게 확정하는' 계산량이 문제가 되기에 생력화를 강하게 주장하는 것이다. 따라서 나뉘어 있는 것을 계산하고 통합하는 것이 아니라 처음부터 모호한 덩어리로서 처리해버리는 계산을 실현할 수 있다면 그것 역시도

개별적 정보의 집합을 확정하고 계산하는 과정의 생력화이며, 넓은 의미에서 신체성으로 생각할 수 있다.

우리는 기성 소재(고무막이나 겹판 스프링)에 신체를 가탁假託하여, 논리적 계산과 비논리적 계산의 접합을 구상할 수 있다. 그것은 어디까지나 '신체란 무엇인가'에 대한 판단을 미루는 접근이다. 기성품의 물질성을 사용해서 논리적 계산과 비논리적 계산이 매개/간섭함으로써 시스템을 이해한다는 접근은 오히려 '사물'로서의 나와 '것'으로서의 나의 구별과 혼동에 의해 개설되는 나라는 접근에 가깝다고 생각된다. 논리적 계산은 '사물', 비논리적 계산은 '것'이고 양자의 공동 작업으로서 신체화된 지능=로봇은 발동하기 때문이다.

그러나 이 책에서 전개하는 접근과 신체화된 지능=로봇이라는 접근은 다르다. 신체화된 지능=로봇에서 '사물'(논리계산)은 순환하고 '것'(신체)은 매개한다. 양자는 항상 구별되고 시스템은 '사물' 부분 시스템과 '것' 부분 시스템으로 구성된다. 한편 이 책에서 주장하는 모델은 '사물'과 '것'이 구별되면서도 혼동되고 상호작용할 수도 있다. 신체는 '것'은 아니며, 오히려 '사물'과 '것'을 단절하면서 혼동하는, 그러한 매개자로 자리매김할 수 있다. 무리의 모델에서 주위를 둘러보는 나라는 개체(사물)와 보이는 세계(것) 사이의 매개자가 신체성이다. 그러므로 '사물'과 '것'이 분화하는 경우에는 신체성이 현저하지만 '사물'과 '것'이 융합하는 경우에는 신체성이 보이지 않는다. 즉 신체는 항상 그 자리에 있는 실체가 아니다.

마지막으로 스웜인텔리전스가 갖는 세 번째 문제에 관해 논해보

자. 무리에서 다양성은 확인될까? 무리에 관한 여러 모델은 기본적으로 같고, 각 에이전트가 주위와 운동 방향을 함께한다는 것은 이미 기술했다. 즉 무리는 전원이 같은 방향으로 움직이므로 무리로서 운동한다. 여기에 에이전트의 개성은 없고, 에이전트가 다른 움직임을 취하지도 않는다. 그러므로 전체로서의 행동은 개체를 압살해서 얻는 통합의 결과이고, 다른 행동의 접합, 종합으로서 전체의 일관된 행동이 나타나지는 않는다. 어떤 것이 패스를 하고 다른 것이 슛을 하는, 다양성에 근거하는 분업은 바랄 수도 없다. 적어도 로봇 축구를 실현하기 위해서는 다양성을 구현해야 한다는 필요조건이 요구되지만, 그 다양성은 전체의 통일을 해친다. 이러한 다양성의 문제는 해결될 수 있을까?

다양성을 담보한 채, 하나의 전체를 생성하고 유지하는 과정은 바로 '사물' 및 '것'의 구별과 혼동을 생기하는 과정이다. 각각의 개체가 다른 행동을 할 때 그것은 개체의 집단, '사물'의 이미지를 부여해준다. 모든 개체가 질서정연하게 움직인다면 거기에는 전체, 즉 일자적 '것'의 이미지가 있다. 이렇게 '사물'과 '것'을 이해한다면 양자는 서로를 용납하지 않고 다양성은 하나의 '사물'로서 움직이는 전체성을 해치기만 한다고 생각된다.

그러나 그러한 '사물'과 '것'의 이미지는 상호작용의 형식에 기반을 두고 얻어진 것에 지나지 않는다. 각 에이전트가 스스로와 그 외부의 관계를 괴리시켜, 이항대립의 구도하에서 스스로가 외부(주위의 다른 에이전트)와 강하게 상호작용한다면, 개체의 행동은 주위에 동조하든가 하지 않든가 둘 중 하나 때문에 일어난다. 전자라면 집단은 통일적 전체를 보여주고, 후자라면 오합지졸이 된다.

즉 다양성과 하나의 전체를 대립시키는가 아닌가는 개체가 그 주위와 상호작용하는 양식을 따른다고 생각할 수 있다. 개체 층위의, 스스로(사물)와 주위(것)의 관계가 구별과 혼동이라는 양자로 열린 역동적인 것이라면, 무리 층위의 '사물'(개체의 집단)과 '것'(기능적인 전체) 역시 구별과 혼동으로 열린 접합된 전체로서 틀림없이 나타날 것이다. 즉 다양성의 문제는 두 번째 문제, 개체 층위에서 신체성을 어떻게 구현하는가 하는 문제에 의존한다고 말할 수 있다.

지금까지 든 세 문제, 창발·자기조직화의 문제, 신체성의 문제, 다양성의 문제는 지능을 갖지 않는 단순한 자극-응답 반응만을 갖춘 로봇 집단으로 지적 행동과 지적 계산을 실현하려고 하는 스웜인텔리전스에서 생기는 문제다.

생물학자는 물론 동물 무리 전체에 하나의 의식이 있다고는 생각하지 않으며, 전체성을 일의적 목적이라고 여기지 않는다. 즉 통제된 무리의 행동이 결과로서 그러한 경우는 있어도, 그것은 소여의 자연이지 목적은 되지 않는다.

그러나 스웜인텔리전스에서는 어디까지나 무리를 지성의 한 대체물로서 다룬다. 가능한 한 지적이고 효율이 좋은 계산을 실현하기 위해서 무리는 항상 무리로서 있고, 산일/이산하는 것은 허용되지 않는다. 그러므로 여기서는 '것'으로서의 전체성, '사물'(사물의 집단)을 어떻게 '것'화하는가 하는 목표가 대전제가 된다. 그 결과 연구자가 가진 흥미의 중심은 "어떻게 '것'으로서의 집단을 유지한 채 가능한 한 복잡한 계산을 실현할 것인가" "그를 위해서는 어떠한 메커니즘이 필요한가"가 된다. 이렇게 해서 창발이나 자기조직화, 신체성, 다양성이라는 문제가 나타난다.

공학자는 합목적적으로 무리를 바라보기 때문에 그들에게 무리는 흡사 의식을 갖는 듯한, 지능을 갖는 듯한 무리다. 그러므로 이 문제들은 무리의 의식에 대해 생각하는 자가 받아들여야만 하는 문제이기도 하다.

따라서 제2부에서 다루겠지만, 최근 급속히 진행된 동물 무리에 대한 연구는 "개체 간 상호작용은 지금까지의 모델처럼 단순한 것이 아니며, 그럼에도 불구하고 거기에는 종래 상상해온 것 이상의, '것'으로서의 무리가 발견된다"라는 지각을 얻었다. 현실의 동물 무리 역시 창발을 낳고, 자기조직적으로 신체성을 가지며, 다양성을 유지한다.

우리는 무리의 의식이라는 문제를 바로 '사물'과 '것'의 양의성이 형성되는 과정, 나아가서는 그것이 분화/탈분화하는 과정으로서 전개할 시기에 와 있다고 말할 수 있다.

제2부

동물의 무리

개체의 시점에서 보는 '사물'과 '것'

5장 버드안드로이드

컴퓨터그래픽이 넓힌 시뮬레이션의 세계

동물 무리에 관한 연구로 일반인에게도 잘 알려진 출발점은 컴퓨터그래픽CG일 것이다. 그 이전에도 특히 물고기 무리에 관한 생물학자 파트리지의 연구나 일본의 아오키 이치로靑木一郞 선생이 제시한 어업漁業적 관점에서 본 선구적 무리 모델이 있었다. 그러나 동물 무리에 대한 관심은 컴퓨터그래픽으로 움직이는 무리의 시뮬레이션으로 대번에 높아졌다고 해도 좋다. 1980년대 후반부터 1990년대 초반에 걸쳐 일어난 일이다.

수천 명, 때로는 수만 명에 이르는 군집 신은 영화의 꽃이다. 예전에는 그만큼의 엑스트라를 동원해서 실제 인간을 촬영했기 때문에 방대한 인건비가 들었을 것이다. 그 군집 신을 컴퓨터그래픽으로 대체하기 위해 새의 무리를 본뜬 무리 모델을 개발했다.

컴퓨터 회사의 애니메이션 부문에서 일하던 크레이그 레이놀즈가

1987년 완성시킨 가상공간 내의 새는 버드안드로이드에서 따와서, 보이드boids라 명명되었다.

보이드는 극히 단순한 세 가지 규칙에 따라 가상공간 안을 날아다닌다.

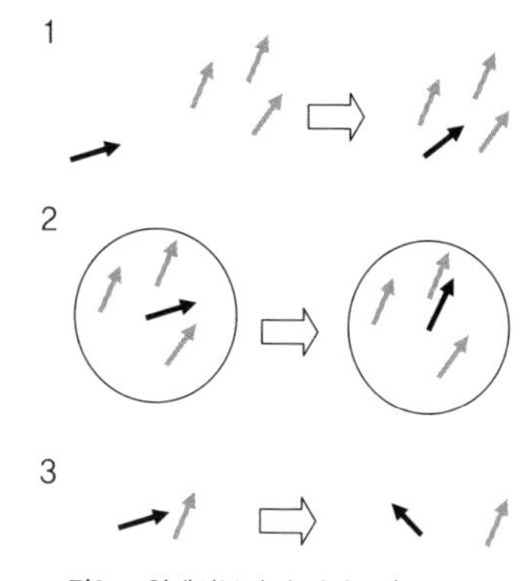

그림2-1 위에서부터 순서대로 1) 무리 유인 2) 속도 평균화 3) 충돌 회피 규칙.

첫 번째 규칙은 '무리 유인'이다. 이 규칙에 따라 가까운 곳에서 다른 개체를 발견한다면 그 개체에 접근한다. 즉 가까운 새들이 다수 있는 쪽을 향해 날려고 한다.

두 번째 규칙은 '속도 평균화'다. 보이드는 가까운 개체의 속도에 스스로의 속도를 맞춘다. 속도란 단위시간당 이동하는 거리와 방향이다. 또한 가까운 개체는 통상 복수로 존재한다. 그러므로 가까이 있는 개체의 속도를 가산해서 평균하고 자신의 속도를 이 평균 속도에 맞춘다. 이렇게 보이드는 가까이 있는 새들과 운동 방향을 서로 차츰 일치시킨다.

그리고 세 번째 규칙이 '충돌 회피'다. 개체들이 너무 근접해버리면 충돌이 빈발한다. 그래서 보이드는 일정한 거리(가까움) 이상으로 접근하는 것을 서로 피한다. 너무 가까워지면 떨어지려 한다. 이 충돌 회피 규칙에 의거해 개체 간에 항상 적정한 거리를 지킬 수 있다(그림 2-1).

이 세 규칙은 엄밀히 정의되어 있지는 않고, 보이드에 어떻게 짜 넣을 것인가 하는 구현 방법에 관해서는 여러 구체적 방법이 고안되어 있다.

세 규칙에 관해 기술할 때 '가깝다'라는 표현을 썼지만, 이것은 보이드가 갖는 스스로의 국소적 세력권—근방이라 불린다—에 따라 엄밀히 정의된다. 근방이란 자신을 중심으로 해서 2차원 공간이라면 원, 3차원 공간이라면 구球로 주어진다. 그 반경은 고정된 어떤 값으로 주어져 있고, 통상 무리를 구성하는 모든 보이드는 동일 반경, 동일 근방을 갖는다.

물론 첫 번째부터 세 번째 규칙에서 '가깝다'가 같은 근방을 의미하지는 않는다. 만약 첫 번째와 세 번째 규칙에서 '가깝다'가 동일 반경의 근방을 의미한다면 각 개체는 접근하기와 멀어지기를 동시에 해야만 한다. 이것은 단적으로 모순이다.

따라서 통상 첫 번째 규칙, 무리 유인에 관한 근방 반경은 두 번째 규칙, 속도 평균화에 관한 근방 반경보다 더 크고, 세 번째 규칙인 충돌 회피의 근방 반경은 극히 작다. 즉 세 개의 근방은 큰 쪽부터 첫 번째, 두 번째, 세 번째처럼 계층적으로 정의되는 경우가 많다.

단, 원리상 그 결정 방식은 자유다. 실제로 근방 반경의 정의 방식에 따라 보이드 무리는 여러 행동을 보여준다고 알려져 있다.

인공생명의 대표적 모델이었던 보이드

'보이드'는 기대 이상으로 자연스러운 행동을 보인다. 이 수법은 개량되어서 현재 애니메이션이나 영화의 실사 합성 컴퓨터그래픽으로 응용되고 있다.

보이드는 현실의 새 무리처럼 자연스러운 행동을 보여준다. 영화나 애니메이션에서 컴퓨터그래픽으로 중용되면서, 무리를 설명하는 강력한 모델로서 침투했다.

바로 이때 인공생명이라는 개념이 출현하여 급속히 영향력을 얻었다. 현실의 생명은 모두 DNA에 의존하고 단백질을 중심으로 한 유기물로 구성된다. 이에 비해 인공생명은 재료에 얽매이지 않는 행동으로서의 생명, 프로그램으로서의 생명이라는 존재 방식을 지향했다.

보이드는 인공생명의 대표적 모델로 여겨졌다. 현실의 새나 물고기와는 관계가 없는데도 무리를 형성하고 유지하기 때문이다. 보이드 무리는 가상공간에 놓인 원통에 충돌하면 두 개로 나뉘면서 나아가 원통을 통과함과 동시에 융합하여 하나의 무리로 돌아와서는 아무 일도 없었던 것처럼 앞으로 나아간다.

흩어져 있으면서도 일자인 듯한 전체는 외부에서 오는 소요에 대항해 유지된다. 그것은 인공생명 분야에서 가장 생명의 본질에 가깝다고 여겨지는 지속 가능성의 체현이었다.

앞장에서 다뤘듯이 동물 무리의 모델이나 그 알고리즘을 구현해 얻은 로봇은 그것을 이용해 넓은 의미의 계산에 제공하는 스웜인텔리전스라는 공학 분야를 낳았다. 특히 개미를 이용한 계산이 먼저 발전하여 미로 풀기, 최단 거리 계산, 순회 세일즈맨travelling salesman 문제(세일즈맨이 여러 개의 도시를 한 번만 방문할 때 그 최단 경로를 구하는 문제) 풀기 등 공학적 응용에서 폭발적인 발전을 이루었다.

같은 식의 공학적 응용은 보이드를 직접적으로 사용한 연구에서도 확인할 수 있다. 여기서는 문서 정보 분류의 한 응용 사례를 간단히 짚어두기로 하자. 그것은 보이드를 상세하게 설명하는 일이기도 하다.

보이드를 사용한 문서 정보 분류

우선 여러 문서를 특징짓기 위한 단어를 미리 선택해둔다.

선택된 단어 중 어느 것이 얼마나 사용되는지 그 빈도분포에 따라 각각의 문서를 특징지을 수 있다. 예컨대 같은 신문기사라도 문화 면에 있는 문서라면 '사상'이라는 단어의 빈도는 높지만, '정치'나 '재정'이라는 단어의 빈도는 낮다. 이에 비해 경제 면이라면 '사상'의 빈도가 낮고, '재정'은 높다.

선택된 단어의 빈도를 배열한 열은 그 문서를 의미하며, 코드라 불린다. 나아가 문서와 문서가 얼마나 닮아 있는지 그 정도를 평가하기 위해 코드 간의 문서 거리를 정의해둔다. 문서 거리는 각 단어의 빈도 차를 취해 더한 값에 준한다. 문서 거리를 재는 공간을 문서 공간이라 부르기로 하자.

이렇게 코드화된 문서가 가상공간을 날아다니는 문서 보이드가 된다. 여기서 말하는 가상공간은 3차원 공간으로, 문서 공간과 무관하게 제멋대로 주어지는 문서 보이드가 존재하는 공간이다. 보이드는 일반적으로 공간 내에서 위치와 속도를 가진다. 초기 상태에 문서 보이드의 위치와 속도는 문서 코드와 무관하게 제멋대로(무작위로) 주어진다.

속도는 다른 문서 보이드의 위치와 문서 코드를 고려해서 변경된다. 새로운 속도는 다섯 개의 속도 요소로 구성된다.

첫 번째 속도 요소는 보이드의 속도 평균화 규칙에 의해 계산된다. 즉 가상공간의 근방에 존재하는 주위의 문서 보이드 속도를 평균화해서 얻는 속도(화살표)다.

두 번째 속도 요소는 보이드의 충돌 회피 규칙에 따라 계산되고 가상공간에서 너무 가까워진 문서 보이드군群의 중심(문서 보이드군 위치의 평균)에서 벗어난 속도로 얻어진다.

세 번째 속도 요소는 두 번째와는 반대로 어느 정도 떨어진 다른 문서 보이드의 위치 중심을 계산하고 그것에 접근하는 속도로 얻어진다.

첫 번째부터 세 번째까지의 속도 요소는 가상공간의 위치에 관한 보이드 규칙 그 자체다. 이 세 속도를 합해서 얻은 값을 새로운 속도로 하는 모델이 통상의 보이드다.

문서 보이드에서는 네 번째, 다섯 번째 속도 요소도 정의한다. 네 번째 속도 요소를 얻기 위해서는 우선 가상공간에서 근방에 존재하는, 다른 문서 보이드와 갖는 공간적 거리 및 문서 거리의 곱을 각 문서 보이드로 계산하고 이것을 합한다. 이것은 문서 간의 유사성을 의미한다. 이 유사성에 비례한 근방 문서군에 접근하는 속도가 네 번째 속도 요소다.

다섯 번째 속도 요소는 네 번째와 유사하지만 접근/회피의 관계가 그 반대다. 공간적 거리 및 문서 거리 곱의 역수를 더한 값, 이것에 비

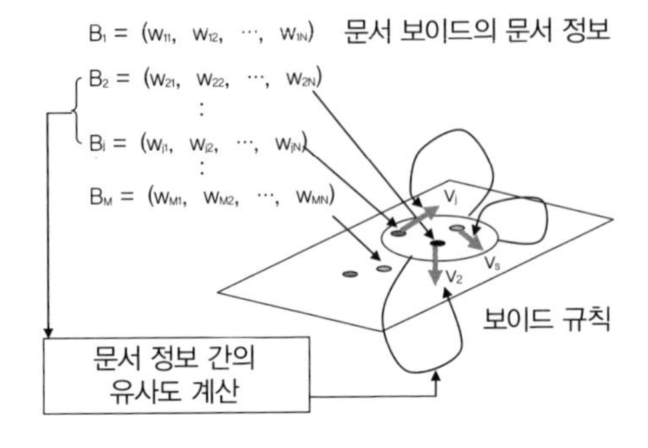

그림2-2 문서 보이드의 운동 규칙. 문서 정보는 문서에서 출발하는 중요 단어의 빈도분포로 계산되는 단어의 중요도다. 중요 단어는 해석되는 모든 문서에 대해 공통으로 사전에 주어진다.

례한 근방 문서군에서 멀어지는 속도가 다섯 번째 속도 요소다.

이 속도, 즉 화살표의 길이만큼 현재 위치에서 화살표 방향으로 이동함으로써 문서 보이드는 각각 가상공간 안을 날아다닌다.

문서의 종류에 따라 무리가 만들어졌다. 하지만……

문서 보이드는 유사도가 높은 문서가 차차 접근해서 무리를 만든다. 실제로 여러 문서에 문서 보이드를 적용하면 문서는 잘 분류된다.

미리 분류된 문서군을 벤치마크 문제benchmark problem, 컴퓨터 분야에서 시스템이나 소프트웨어의 성능을 평가하기 위해 사용되는 표준적인 문제로서 주고, 여러 다른 문서 분류 알고리즘과 비교할 때 문서 보이드는 상대적으로 매우 높은 성적을 낸다. 실제로 2차원 공간상에 문서 보이드를 무작위로 분포시켜, 위에서 기술한 규칙에 따라 운동시킨 결과가 그림2-3이다.

각 점은 각각의 문서 보이드로, 문서는 명도에 따라 분류된다. 처음부터 각 문서의 종류가 집단을 이루지는 않는다. 차차 무리를 이루고 최종적으로 문서의 종류마다 무리를 형성함을 알 수 있다.

이렇게 결과가 잘 나온 것만 보면 문서 보이드는 꽤 강력한 듯하

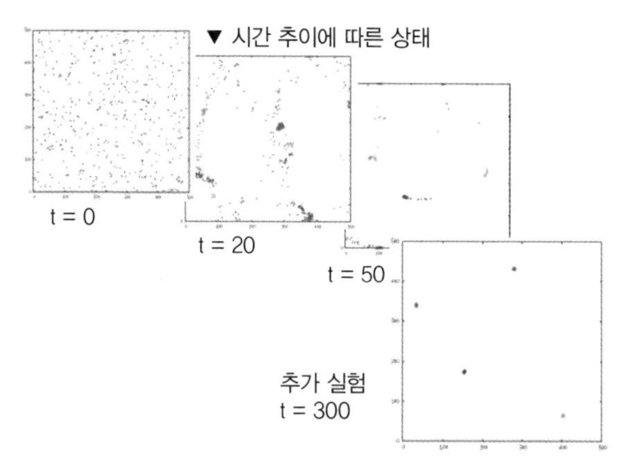

그림2-3 문서 보이드의 시간 발전 예. 관련이 높은 문서끼리 무리를 짓는다(고베대학 군지연구실 미노우라 마이箕浦舞 씨의 졸업논문).

다. 물론 문서를 단어의 빈도분포로 나타내도 좋은가 하는 근본적 문제는 남아 있다. 그것은 하나의 문서를 단어의 집적이라는 '사물'로서 보는가, 전체로서의 의미라는 '것'으로서 보는가 하는 문제와 얽혀 있다.

그러나 일단 문서란 단어의 빈도에 지나지 않는다고 문서를 '사물'화해버려도, '사물'인지 '것'인지를 결정하는 문제는 문서군을 분류하는 조작 과정에서 다시 나타난다. 시간이 아무리 걸려도 상관없다면 단어의 빈도분포로 나타난 문서의 쌍 전원全員과의 거리를 계산하고 거리에 따라 분류할 수는 있다.

문서 보이드는 전원이 모든 가능성을 계산하지 않고 시간에 따라 생력화한 분류 조작으로서 의미가 있다. 문서 거리의 계산을 문서 보이드가 배치된 가상공간의 거리를 이용해 생력화하는 것이다.

일단 가까운 가상공간을 이용해서 문서군을 형성하고 무리 지어 이동하면서, 근처에 출현하는 문서 보이드를 취사선택하여 목적의 분류에 접근한다. 이것이 문서 보이드의 전략이다. 어떤 목적 아래 형성된 능력 집단이 자기 고향 주변에서 우선은 목적 집단을 형성하고 차차 집단 구성원을 변경하면서 증가하는 것과 같은 전략이다.

기존 구성원과의 관계 아래서 새로운 구성원의 참가, 일부 구성원의 배제가 반복되기 때문에, '이전'은 항상 '이후'에 대한 큰 제약으로 작용한다. 문서 보이드는 근방에 있는 다른 문서 보이드를 끊임없이 모아서 평균화한다. 이 조작이 기존 구성원이 이루는 집단의 색에 의존한 문서 보이드의 분류를 진행시킨다.

이 조작에서는 문서 공간과 가상공간의 거리가 혼동되고, 그것이 집단의 색, 이른바 '것'을 계산한다. 이 집단의 색에 의존해서 문서 보이드 간의 문서 거리, 이른바 '사물'이 계산된다. 즉 여기서 '사물'은 집단의 운동에 유효한 '것'을 야기하는가, '것'은 '사물'의 계산에 유효한 환경을 제공하는가 하는 문제, 곧 '사물'과 '것'의 관계에 관한 문제가 나타난다.

여기서 말하는 '사물'과 '것'의 관계는 평균화나 보이드의 규칙에 의해 제멋대로 미리 주어진다. 문서 보이드에 목적이 없으면, 그것으로 이야기는 끝이다. 그러나 문서 보이드에는 문서군의 적정한 분류라는 목적이 있다. 이 목적이 실현될지 여부를 생각할 때, 과연 '사물'과 '것'의 관계는 적정한가 하는 문제가 나타난다.

그리고 이 '사물'과 '것'의 관계는 극히 국소적으로, 긴 시간 스케일로 논의되는 관계는 아니다. 국소의 판단에 매입된 관계이자 보이드의 규칙에서 발견되는 관계로, 극히 작은 시간 스케일에서 출현하는 관계다. 이것이 몇 번이고 반복되어야 비로소 적정한 문서의 분류가 출현한다.

목적인 적정한 문서 분류의 시간 스케일과 보이드의 규칙이 적용되는 시간 스케일은 다르다. 그렇기 때문에 평균화나 보이드의 규칙에 의한 적정한 문서 분류의 귀추를 미리 전망하는 것은 불가능하고, 계산해보는(문서 보이드를 움직여보는) 것이 의미를 갖는다. 또한 그렇기 때문에 문서 보이드는 프레임 문제에 노출된다.

이 장에서는 동물 무리의 모델인 보이드를 설명하기 위해 의도적으로 공학적 응용, 즉 문서 보이드라는 우회로를 통과했다. 공학적 응용에는 명확한 목적이 있고 목적과 그것을 실현하는 방법 간에는 큰 간극이 있다. 그렇기 때문에 그 방법은 누구나 생각해낼 수는 없는 유용한 수단이 된다.

인공지능이나 인지과학에는 제1부에서도 언급했던 '프레임 문제'라는 난제가 있다. 해결해야 할 문제에 대해 고려해야 할 프레임을 어디까지 고려하면 좋은가 하는 문제가 그것이다. '상정 바깥의 사태'를 전부 없애려 하면, 프레임은 무한하게 넓어지므로 처리하는 데 무한한 시간이 걸린다. 즉 해결이 불가능해져버린다.

수단과 목적 사이에 있는 시간적 스케일이나 논리적 스케일의 괴리는 바로 프레임 문제를 강하게 시사하지만, 다른 한편 창조를 불러

일으키기도 한다.

공학이 아닌 생물 무리를 살펴보자. 생물 무리는 문서의 분류 같은 명확한 목적을 미리 갖지는 않는다. 전체로서 명확한 목적이 없는 이상, 국소적인 개체 간 상호작용(보이드의 규칙)과 명확한 목적의 관계에 대해 다양하게 고려하지는 않는다. 프레임 문제 같은 것은 없다고도 생각할 수 있다.

국소적인 개체 간 상호작용은 단지 주어졌을 따름으로, 그 이상도 이하도 아니다. 그러나 무리 전체의 기능을 상정하고 '무리는 무리를 유지하지 않는 한 사멸해버린다'라고 생각하는 것은 생물학적으로 타당하다고 생각할 수 있다. 여기에 인공생명이 표방하는 지속 가능성이 적용된다.

이렇게 지속 가능성이라는 명목으로 무리로서의 기능이 상정되면, 아니나 다를까 프레임 문제가 출현한다. 어떠한 환경, 어떠한 운동 경과(역사)에서도 무리가 뿔뿔이 흩어지지 않고 잘 유지될 수 있는가 하는 문제의 귀추는 국소적인 개체 간 상호작용으로는 결코 전망할 수 없기 때문이다.

지속 가능성이 의미하는 바

나는 지속 가능성이라는 개념이 완전히 정의되지 않았고 인공생명의 목표였던 형상으로서의 생명에 반하는 개념이기 때문에 의미가 있다고 생각한다.

무엇을 지속하는 것인지, 즉 '무리가 지속한다'는 것이 무리의 무엇을 지속하는 것인지 전혀 알 수 없다. 무엇을 만족시키면 되는 건지 알 수 없음에도 불구하고 지속 가능성이 생명의 본질이라고 하는 것은 어떤 종류의 말장난이다. 그렇다고 미정의성을 포함하는 기능을 기능으로서 확인하려 하는 접근이 부정적으로 파악되어야 하는 것은 아니다.

진화적 생명 사관은 본래 양의성을 갖는다. '본성인가 양육인가' 하는 논의가 끊임없이 나타나는 것은 이 양의성 때문이다. 그것은 유전자와 같이 내재하는 것과 환경과 같이 외재하는 것의 양의성이고, 내재하는 기성旣成, ready-made적인 구조, 그리고 외부와 갖는 관계로서 성립하는 미한정적 기능의 양의성이다.

생명의 본질이 내재하는 유전자와 생육하는 환경 중 어느 것인가, 즉 '본성인가 양육인가' 하고 물어보았자, 어느 한쪽으로 결정하는 것은 불가능하다. 오히려 양자가 함께 생명 시스템을 개설하고 발전시킨다고 생각하는 편이 타당하다. 그러나 구체적인 생물이나 생명을 연구하는 국면에서 이러한 양의성은 나쁜 이원론으로 가는 길이다. 무리의 기능은 개체 간 상호작용(기성품의 구조)에 합치하는, 한정적이면서 전망이 서는 것이어야만 한다. 구조와 기능은 완전히 일치하고, 일원론으로 회수되어야만 한다.

그런 점에서 보이드는 잘 만들어져 있다. 개체 간 상호작용이 운동 방향을 맞추도록 구조화되고 형성되는 무리의 기능은 운동 방향을 맞춤으로써 실현되는, 정렬된 무리다. 구조와 무리의 기능 간에 괴리는 없다. 이러한 의미에서 무한정한 환경이나 완전히 정의되지 않은 기능은 허용되지 않는다.

보이드와 같이 구조와 기능이 일치한다면, 구조에서 상정하지 않았던 상황, 혹은 무리가 갖는다고 상정하지 않았던 기능은 결코 나타나지 않고, 프레임 문제 같은 것은 존재하지 않게 된다. 만약 상정하지 않았던 상황에서 무리가 분단되거나 멸망할 위기와 조우한다면, 이때 비로소 해당 무리의 적응적 의미가 결정되고 이 무리는 결국 도태될 것이라고 말할 수 있다.(사후에 해석된다.) 생물학적 무리는 역설적으로 공학적 목적과 같은 목적을 전혀 갖지 않는 기계로 상정된다.

그러므로 완전히 정의되지 않은 기능을 고려하는 것은 구조와 기능 사이에 상정 바깥의 간극을 끼워 넣어 시스템에 프레임 문제를 개재시키는 것을 의미한다. 기능이 한정적으로 보이는 경우에도 본래는 환경의 미규정성, 개방성 때문에 기능과 구조 사이에 프레임 문제가 관여할 터이다. 그러므로 구조와 기능을 일원론으로 회수한다는 접근은 환경의 사실에 의거한 것이 아니며 단순한 선언에 지나지 않는다.

완전히 정의되지 않은 기능인 지속 가능성은 나쁜 이원론이라는 선언이 선언에 지나지 않음을 새삼스레 보여주고, 생물 무리도 마찬가지로 프레임 문제에 노출되어 있다는 것, 그 원인이 국소적인 개체 간 상호작용에서 확인되는 '사물'과 '것'의 관계에 있음을 시사한다.

규정 바깥을 고려함의 의미

생각해보면 단순한 규칙에 따를 뿐인 보이드라도, 집단이 되었을 때의 행동 전부를 미리 상정할 수 있을 리는 없다. 보이드 역시 프레임 문제에 노출되어 있다. 그러므로 보이드 무리에서도 '창발'은 일어날 수 있다. 그러나 무리의 창발을 실현하는 프레임 문제는 동시에 좋지 않은 것도 창발한다. 프레임 문제는 무리를 지속하는 데도 파괴하는 데도 열려 있다.

그런데 상정 바깥의 사태에는 좋은 것도 나쁜 것도 있지만, 나쁜 것은 그다지 일어나지 않는다. 이러한 낙관적이고 견고한 구조야말로 지속 가능성의 속성이다. 여기서 독자는 제1부 마지막에서 논했던 상정 외부를 상정 내부로 도입함으로써 발생하는 적응적인 시스템, 자기조직화하는 시스템을 생각할지도 모른다. 이미 논의했듯이 적응적인 시스템은 상정 내부와 상정 외부의 경계를 불명료하게 하고, 적응과 비적응을 국소적으로 평가함으로써 실현된다. 개미 로봇의 예에서 상정 내외의 경계를 모호하게 하는 것은 비동기적인 시간이었다.

이 구조는 무리의 모델에도 그대로 적용될 수 있다. 즉 지속 가능성을 실현하는 무리 모델은 상정 내부와 상정 외부를 구별하고 양자 간에 간극을 상정하면서(그렇지 않으면 프레임 문제로 열리지 않는다) 그 경계를 모호하게 하고, 끊임없이 국소적으로 개체 간 상호작용을 조정하는 모델로서 구상할 수 있다.

무리 형성에서 상정되는 구조, 즉 상정 내부는 개체 간의 상호작용이지만, 상정 외부와의 간극을 상정하기 위해서는 개체 간 상호작용에서 직접 상정할 수 없는 무리의 정의가 요구된다. 반대로, 모여 운동하는 하나의 유기체와 같은 무리가 개체 간에 방향을 맞추는 일없이 실현된다면, 상정 내부와 상정 외부에는 괴리가 생긴다. 그다음에 개체 간 상호작용의 적용에 관한 비동기성과 조정이 구현되면 지속 가능성을 실현하는 무리를 실현할 수 있다. 그렇다면 반대로 상정 내부와 상정 외부의 괴리를 결코 발견하지 못한다면 보이드에서 지속 가능성을 실현하는 무리를 구상하기는 어려울 것이다. 이 점을 더 음미하기 위해 보이드를 더 단순화해서 논의를 진행해보자.

6장 자기추진입자

'속도 평균화' 규칙만

여기서는 보이드가 갖는 의미를 더 명백하게 드러내기 위해, 그 가장 단순한 파생 모델인 자기추진입자 모델에 관해 살펴보자. 동물을 일부러 입자라고 하는 것은 그 제창자인 비체크가 원래는 동물학자였기 때문이다. 비체크 연구팀은 그 뒤 여러 동물 무리를 연구 대상으로 삼아 바야흐로 동물에게 GPS를 단 실험까지 실행하고 있지만 당초 그 모델은 스스로 움직이는 입자에 지나지 않았다.

비체크가 초점을 맞춘 것은 보이드의 세 규칙 중 하나, '속도 평균화' 규칙뿐이었다. 원래 무리 유인 규칙은 먼 곳에 있는 무리를 모으기 위한 것이고, 충돌 회피는 각 개체가 등속운동을 하여 속도를 맞추는 한 문제가 되지 않는다. 즉 일단 무리가 형성되면 그것을 유지하면서 운동하기 위한 본질적 규칙은 속도 평균화다. 보이드는 이런 한에서 자기추진입자로 치환할 수 있다.

무리의 구성 단위인 에이전트(자기추진입자)는 역시 고정된 반경으로 정의된 근방을 갖고, 근방에 들어온 다른 에이전트의 속도를 평균화한다. 이 속도에 요동의 효과를 가미해서 그 결과를 자신의 새로운 속도로 삼는다.

단순화하기 위해 속도의 길이를 어떤 단위 길이로 고정하면 남은 문제는 진행 방향뿐이다. 따라서 속도에 부여되는 요동의 효과는 평균화로 얻은 진행 방향을 좌우로 흔들리게 함으로써 실현된다.

에이전트가 다른 에이전트와 상호작용하는 규칙은 극히 단순화하여 진행 방향을 맞추는 조작/동조 및 요동/일탈과 결합하는 것만으로 구성된다. 이제 속도는 길이가 정해진 화살표다.

에이전트는 플립북처럼, 시간을 따라 운동한다. 즉 어떤 시각 영상에서 각 에이전트는 공간상에 점으로서 위치한다. 각 점은 속도, 즉 화살표를 갖고 동조와 요동에 따라 화살표를 바꾼다.

바뀐 화살표의 양만큼 모든 점은 이동하고, 이렇게 얻어진 새로운 점이 찍힌 공간이 다음 플립북의 화상이 된다. 이 화상을 연속적으로 보면 점으로 찍힌 에이전트는 공간 안을 날아다닌다.

중간 상태가 없다

동조와 요동의 결합은 물리학자에게 친숙한 '상相전이'라는 이미지를 준다. 상전이란 예컨대 얼음, 물, 수증기의 변화처럼 물질의 거시적 층위에서 변화하는 것을 말한다.

고체인 얼음의 온도를 점차 높이면 섭씨 0도에서 녹아 액체인 물이 된다. 더 온도를 높이면 물의 온도가 올라가 섭씨 100도에서 증발하여 기체인 수증기가 된다. 얼음, 물, 수증기는 보이는 방식이 다를 뿐 같은 물질이다.

이것은 물 분자의 크기가 무시된, 분해능이 나쁜 관점이며 거시적 이미지로 보는 방식이다. 같은 현상을 분자 하나하나가 구별되는 분해능, 즉 미시적 이미지로 바라보면 얼음에서 물, 수증기로 바뀌는 것은 분자운동의 변화로 기술할 수 있다.

결정구조를 이루는 얼음에서는 분자가 격자상으로 배열되고 움직이는 것이 불가능하다. 이것이 액체가 되면 물 분자 간의 결합이 느슨해지고 분자의 연결을 유지한 채 제멋대로 운동할 수 있다. 이리하여 거시적 이미지에서는 전체로서의 연속성을 유지한 채 흐르는 물이 된다. 운동을 더 격하게 해서 액체가 기체가 되면 각 분자는 완전히 자유롭게 운동하여 더 이상 전체의 연속성을 유지할 수 없다.

온도를 연속적으로 변화시키는 것만으로 거시적으로는 이산적이고 서로 무관하다고 생각되는 고체, 액체, 기체가 출현한다. 고체, 액체, 기체로서 보이는 거시적 존재 양식을 각각 고체상, 액체상, 기체상이라 부를 때, 온도 변화는 상의 변화, 다시 말해 상전이를 실현하고 있음을 알 수 있다.

동조와 요동은 바로 물의 분자 간 힘과 온도에 대응한다. 비체크는 고체상, 액체상, 기체상에 대응하는 무리의 거시적인 성격을 무리의 '정향성'으로 평가했다. 정향성이란 무리의 진행 방향이 같은 방향으로 맞춰져 있는 정도다.

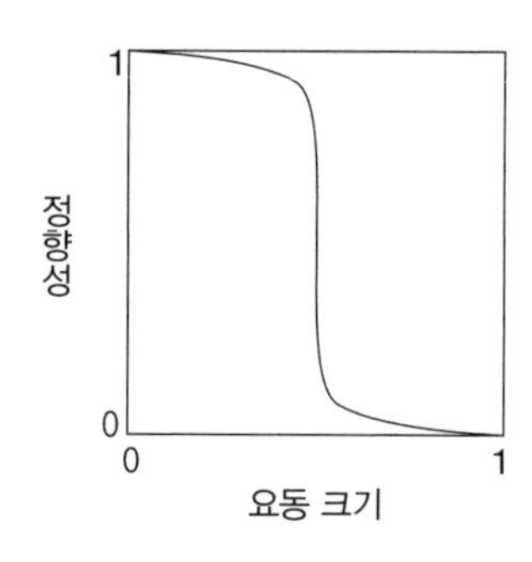

그림2-4 자기추진입자에서 요동과 무리 정향성 사이의 관계.

방향을 고려하면서 각각의 화살표를 더해 얻는 평균 화살표의 길이가 정향성이다. 고정된 에이전트의 속도, 즉 화살표의 길이를 1이라 하면 정향성의 최대치는 1, 최소치는 0이 됨을 알 수 있다.

모든 에이전트가 같은 속도라고 하자. 즉 모든 에이전트는 같은 방향으로 진행하고 모든 화살표가 평행일 때, 모든 화살표의 평균은 원래의 화살표와 일치한다. 그 길이는 1이므로 정향성은 1이 된다.

모든 에이전트가 여러 방향으로의 속도를 갖는다고 하자. 예컨대 방향이 정반대인 화살표를 더하면 화살표는 사라져버린다. 즉 그 속도는 0이 된다. 무리를 구성하는 에이전트가 각자 쌍을 이루고 쌍이 되는 에이전트의 방향이 서로 정반대인 상황은, 당연하지만 생각하기 힘들다.

그러나 에이전트의 수가 방대하고 모두 서로 무관하게 뿔뿔이 흩어진 상태로 방향을 취한다면 그것을 더한 평균은 거의 0이 된다. 즉 정향성은 무리가 덩어리를 유지해 운동하는 정도를 나타낸다.

그림2-4로 자기추진입자의 무리가 갖는 정향성과 요동의 관계를 살펴보자. 자기추진입자의 상호작용은 동조와 요동이다. 여기서는 동조의 구조는 그대로 두고 일탈, 즉 요동의 크기만을 바꾸었다.

요동이 전혀 주어지지 않을 때, 동조는 완전히 실현되고 정향성은

1이 된다. 여기서 요동을 키우면 정향성은 점차 작아지고 급격히 떨어져 거의 0이 된다. 상전이는 급격한 변화다. 요동이 정의된 대부분의 영역에서 무리의 정향성은 극히 크거나 극히 작거나 둘 중 하나다.

즉 무리는 명확한 정향성을 갖는 상과 각 개체가 모두 제멋대로 다른 방향을 향하는 혼란된 상이라는 단적인 상태를 나타내고, 그 중간 단계의 상태—이를 임계 상태라 한다—는 거의 보이지 않는다.

근방 반경과 상호작용

임계 상태를 나타내는 폭은 외부에서 주어지는 요동의 폭이 고정되어 있는 한 무리를 구성하는 에이전트의 수에 의존한다. 무리 주변부의 에이전트(3차원 공간의 무리라면 구의 표면)는 자신의 근방 일부에 다른 에이전트가 배치되지 않은 채 외부 공간에 노출된다. 그러므로 주변부에 위치하는 에이전트는 동조 압력이 무리 중심부에 위치하는 에이전트에 비해 더 작고, 요동의 영향을 크게 받는다.

즉 주변부는 정향성을 흩트리는 요인이다. 다른 한편 정향성은 무리를 구성하는 에이전트 전체에서 평균한 양이다. 만약 정향성을 흩트리는 주변부의 에이전트 수와 모든 에이전트 수의 비가 일정하다면 정향성을 흩트리는 효과는 무리의 크기에 의존하지 않고 일정할 것이다.

그러나 3차원 공간이라면 그 비는 구의 표면과 체적의 비이고(2차원이라면 원의 면적과 원주), 구의 반경이 작을수록, 즉 무리가 작을수록 표면의 효과는 커지며, 임계 근방에서 요동의 효과는 크게 작용한다.

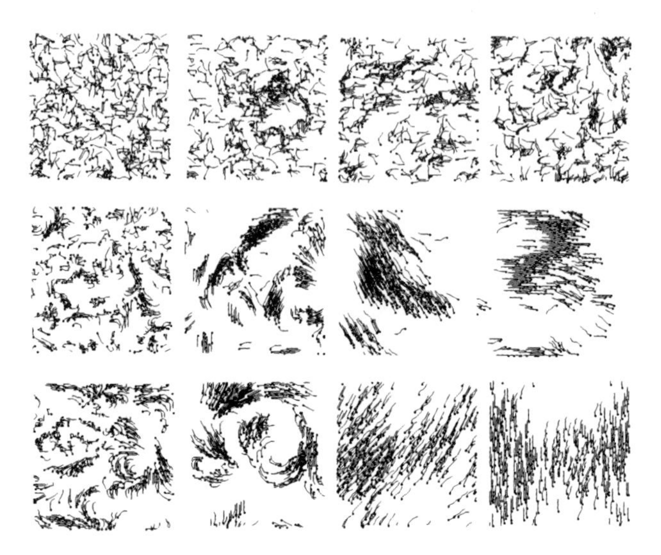

그림2-5 자기추진입자의 행동. 공간은 격자공간. 상단: 근방 반경 1, 중단: 근방 반경 5, 하단: 근방 반경 10. 각각 시간은 왼쪽에서 오른쪽으로 진행한다.

그림2-5는 자기추진입자 운동의 시뮬레이션 결과를 나타낸다. 각 그림은 공간을 운동하는 자기추진입자군의 스냅사진이다. 각 스냅사진에 표시된 점은 그 시각에서 자기추진입자가 갖는 위치를 나타내고 그것에 이어지는 곡선은 입자의 위치에 이르기까지 그려진 운동 궤적을 나타낸다.

'자기추진입자의 상호작용은 동조와 요동이다'라고 기술했지만, 여기서는 외부 요동의 크기를 고정하고 속도 동조하는 근방 반경을 변화시켜 반경의 길이가 무리의 운동에 어떠한 효과를 주는가를 본다.

공간은 바둑판의 눈과 같은 격자공간으로, 입자는 격자에 위치한다. 근방 반경 1이란 이웃한 격자에 개체가 놓여 있을 때만 상호작용해서 속도를 맞춘다는 의미다. 근방 반경 10이 되면 꽤 떨어진 개체와도 상호작용한다는 것을 의미한다.

근방 반경이 1일 때, 외부 요동의 효과는 극히 크다. 이에 비해 근방 반경 10이 되면 입자는 즉각 동조 압력에 따라 속도를 맞춰, 마치 컨베이어벨트로 옮겨지는 쇄석碎石이나 강을 흐르는 낙엽처럼 운동한다. 외부 요동의 효과가 커지면 동조성이 약해져 자기추진입자는 점차 자유롭게 운동한다는 것을 알 수 있다.

자기추진입자 평가

요동의 크기가 전술한 임계치 근방보다 조금 작게, 높은 정향성을 유지하면서 동조에서 일탈할 경우 자기추진입자는 근방 내 다른 입자의 밀도에 따라 다른 운동을 보인다. 근방 내에 다른 입자가 많이 존재하는 경우 동조 압력에 따라 조금씩만 흔들리면서 무리로서 운동한다.

이에 비해 근방 내에 다른 입자가 전혀 없다면 자유롭게 무작위로 돌아다니고, 소수라면 약한 동조를 보이면서도 오히려 자유롭게 운동한다. 즉 자기추진입자 무리는 우연히 생긴 무리 내의 소밀疏密 분포에 따라 불균질한 운동을 보인다. 조밀한 영역에서는 모두 방향을 맞춰 군대와 같이 규칙적으로 움직이는 것을, 성긴 영역에서는 자유롭게 움직여 조밀한 영역 사이를 왕래하는 운동을 확인할 수 있다.

물론 같은 자기추진입자가 왕래하는 것은 아니다. 성긴 영역을 자유롭게 움직이다 조밀한 영역으로 접근한 순간 동조 압력이 높아지고, 조밀 영역으로 끌려 들어가 뭉친다. 역으로 조밀한 영역의 주변부에서도 우연한 결과로 조금만 개체 간 거리가 커지고 성긴 근방이 생성되면 이러한 근방을 갖는 자기추진입자는 조밀한 영역에서 떨어져 나가 다른 조밀한 영역으로 접근한다.

임계치 이상의 요동을 무리에 가하면, 무리는 더 이상 무리 형태를 이루지 않고 각 입자는 자유롭게 운동한다. 임계치에 가까운 요동을 주었을 때, 자기추진입자의 운동은 확실히 새의 무리처럼 보이기도 한다. 해 질 녘 둥지가 있는 숲으로 돌아가는 까마귀 무리에는 조밀한 영역과 성긴 영역이 있고, 성긴 영역에 있는 까마귀는 조밀한 부분으로 이동한다.

아이치愛知현 지타知多반도의 도코나메常滑 부근 이세伊勢만에서 돌아오는 가마우지의 대군大群은 압권이다. 이들의 멋진 V 자 편대 역시 성긴 영역과 조밀한 영역을 갖는데, 조밀한 영역에서는 정렬하고 성긴 영역에서는 조밀한 영역으로 천천히 이동하는 것을 관찰할 수 있다.

그러나 이것은 인상에 지나지 않는다. 뒤에서 보겠지만, 실은 자기추진입자와 같은 속도의 정렬은 현실의 무리에서는 그다지 발견되지 않는다.

7장 개량형 보이드는 무리를 어디까지 설명할 수 있는가

근방 반경에 계층성을 도입한 '계층 보이드 모델'

영국인 쿠진은 공학자도 물리학자도 아닌 생물학자로서 여러 동물 무리를 연구하고 있다. 그 연구 대상은 물고기나 새, 메뚜기나 군대개미에 이르고, 최근에는 어군 탐지기를 사용해 물고기 개체를 식별하면서 무리를 해석하는 데 힘쓰고 있다. 그는 기본적으로 보이드를 수정하고 개량하여 얼마나 다양한 현상을 설명할 수 있는지를 규명하려 부심한다.

근년 여러 해양 다큐멘터리에서 청어 등의 회유어 무리가 아무것도 없는 바다 한가운데서 도넛 형상으로 선회하는 영상을 방영하는 것을 본 적이 있다. 또 사람이 사는 마을과 인접한 생태계 부근에서는 맹금류인 솔개가 무리를 이루어 역시 도넛 형상으로 선회하는 현상을 볼 수 있다. 쿠진은 이러한 선회를 보이드로 설명할 수 있음을 보여주었다.

이 모델은 보이드의 세 규칙에서 말하는 근방 반경에 계층성을 도입한 것이다. 이 모델을 계층 보이드 모델이라 부르기로 하자. 그림 2-6처럼 개체를 중심으로 한 가장 작은 반경의 구를 충돌 회피 구역, 그 외측에서 다음으로 큰 반경을 갖는 구의 내측까지를 속도 평균화 구역, 또 그 외측에서 최대 반경 구의 내측까지를 무리 유인 구역이라고 정의한다. 세 구역은 원조 보이드의 세 규칙을 적용하는 근방 영역이다.

개체는 근방의 중심에 위치하고 그 속도는 화살표로 나타낸다. 또한 화살표 뒤쪽의 흰색 부채꼴 부분은 사각死角을 의미한다. 즉 개체는 후방을 볼 수 없다.

다른 개체가 가장 내측, 즉 충돌 회피 구역에 존재할 때 구의 중심

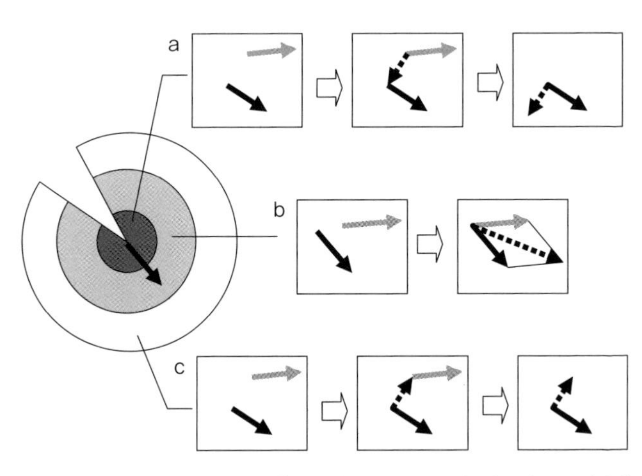

그림2-6 계층 보이드 모델의 근방 계층. a: 충돌 회피 구역. b: 속도 평균화 구역. c: 무리 유인 구역에서 속도가 갱신되는 규칙.

에 있는 개체는 그림2-6 a와 같은 방법으로 스스로의 속도를 갱신한다. 여기서 구의 중심에 있는 개체의 속도는 검은 화살표, 충돌 회피 구역에 존재하는 다른 개체는 회색 화살표로 그려져 있다.(이것은 다른 구역을 설명할 때도 같지만, 그 경우 회색 화살표로 나타낸 다른 개체는 각각의 구역에 존재하게 된다.)

충돌 회피 구역에서 얻은 위치의 차를 첫 번째 갱신 속도 후보로 삼는다. 두 번째 위치의 차는 두 번째 속도의 근원을 묶는, 다른 개체에서 중심 개체로 향하는 화살표로 정의된다. 그림2-6 a에서 위치의 차는 점선 화살표로 나타냈다. 이렇게 해서 얻은 첫 번째 갱신 속도 후보는 확실히 다른 개체를 피하는 방향으로 이동한다는 것을 알 수 있다.

단 속도의 크기는 본래 적당히 규격화되지만, 그림2-6에서 규격화는 무시된다. 또한 충돌 회피 구역에 복수의 개체가 존재할 때에는 이 조작을 반복하여 총합을 취하면 된다.

다른 개체가 속도 평균화 구역에 존재할 때는 그림2-6 b에 나타나듯이 속도의 합을 두 번째 갱신속도 후보로 해서 계산한다. 두 속도의 합은 두 화살표가 이루는 평행사변형의 대각선에 위치하는 화살표로 정의된다. 여기서도 복수의 다른 개체가 존재할 때는 모든 다른 개체를 총합해 취하면 된다.

마지막으로 다른 개체가 무리 유인 구역에 존재할 때는 위치 차의 방향을 반전시킨 것을 세 번째 갱신 속도 후보로 해서 계산한다(그림2-6 c). 이 경우 세 번째 갱신 속도 후보에 의해 중심 개체는 다른 개체에 접근해간다는 것을 이해할 수 있다.

세 구역에 적용되는 속도 갱신 규칙에는 우선순위가 있다. 충돌 회피 구역에 하나라도 다른 개체가 존재하는 경우에는 다른 구역에 다른 개체가 존재하더라도 첫 번째 속도 갱신 후보를 중심 개체의 속도 갱신으로 삼는다. 두 번째, 세 번째 속도 갱신 후보는 무시한다.

충돌 회피 구역에 존재하지 않는 경우 두 번째, 세 번째 속도 갱신 후보의 합을 취하고(둘 다 속도이므로 그림2-6 b에 제시된 조작과 마찬가지로 합을 취한다), 이것을 중심 개체의 속도 갱신으로 삼는다. 따라서 만약 속도 평균화 구역이 존재하지 않는다면 각 개체는 다른 개체로 접근하기와 이산하기를 반복한다.

나아가 또 한 가지 중요한 가정을 덧붙인다. 바로 속도를 갱신함으로써 실현되는 각도에는 상한이 있고, 그 상한을 넘는 각도로는 변경하지 않는다는 가정이다. 즉 이 가정에 따라 각 개체가 급격히 방향을 바꿔 흩어지는 것은 금지된다.

스웜(벌레 무리) 출현

실제로 각 구역의 비율을 바꿔보면 여러 무리의 패턴이 출현한다.

그림2-7은 각 구역의 비율을 바꿈으로써 무리의 패턴이 어떻게 변화하는가를 나타낸다. 여기서는 무리 유인 구역의 반경을 충분히 크게 취했고, 가장 작은 반경을 갖는 충돌 회피 구역의 반경도 고정했다. 변화시키는 반경은 속도 평균화 구역의 반경뿐이다.

그림2-7의 그래프에서는 충돌 회피 구역의 반경에 대한 속도 평균

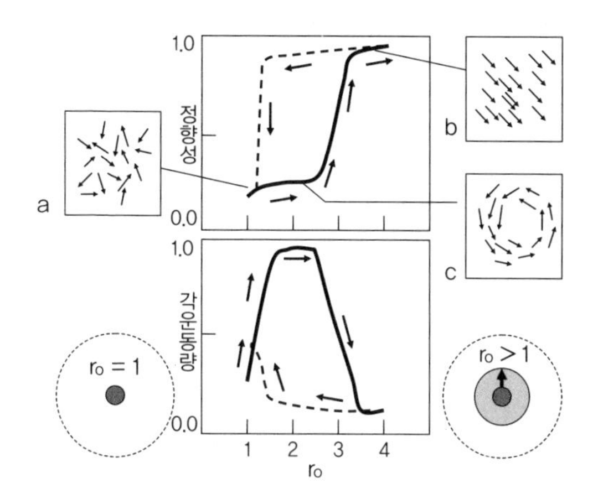

그림2-7 계층 보이드 모델에서 보이는 무리 패턴의 이력효과hysteresis. 충돌 회피 구역 반경과 무리 유인 구역 반경을 고정하고 속도 평균화 반경(그래프의 가로축)을 키우는 경우(실선 그래프)와 줄이는 경우(점선 그래프)를 나타냈다(Couzin et al., 2002 수정 게재).

화 구역 반경의 크기(비율)를 그래프의 가로축으로 나타냈다. 즉 이 비가 1일 때, 충돌 회피 구역과 속도 평균화 구역의 반경은 같아지고, 실질적으로 속도 평균화 구역은 존재하지 않게 된다.

또한 그림2-7에서는 무리의 특징을 두 개의 지표로 정량화했다. 첫 번째 지표는 6장에서 본 정향성의 정도다. 이것은 무리를 이루는 개체의 속도를 나타내는 화살표를 더해서 그 길이를 평가한 것이었다. 그러므로 모든 개체가 같은 방향을 향하면 그 값은 최대치 1을 취하고, 각 개체가 뿔뿔이 흩어진 방향을 취하면 0에 가까운 극히 작은 값을 취한다. 두 번째 지표는 각운동량이다. 이것은 각 개체의 위치와 속도 양자로 계산되는 값을 무리 전체에 대하여 더한 값으로, 무리 전체가 갖는 회전의 정도를 나타낸다. 이것도 최대치 1, 최소치 0이 되도록 규격화한다.

그림2-7에서는 두 그래프를 제시했는데, 가로축은 속도 평균화 구역의 반경으로 두 그림에서 값을 맞추었다. 가로축 값이 1일 때, 근방의 계층은 그림2-7 왼쪽 아래와 같아지고 속도 평균화 구역은 존재하지 않게 된다. 무리 구성원의 위치와 속도를 무작위로 공간에 배치하고 이 근방의 계층에서 잠시 무리를 움직여보면 각 개체의 속도는 집합, 이산을 반복하고 항상 제각기 다른 속도를 가진 무리가 만들어진다.

무리의 스냅사진은 그림2-7 a와 같다. 이때 정향성은 극히 작고 어떠한 회전 성분도 확인되지 않으므로, 각운동량도 극히 작다는 것을 알 수 있다. 이러한 무리는 여름의 해 질 녘에 발견되는 모기떼나 바다의 얕은 여울에서 보이는 쏠종개 무리(쏠종개 치어 떼)와 같은 특징을 보여준다. 쿠진은 모기떼를 의식했는지, 이 무리 패턴을 벌레의 무리를 의미하는 스웜이라 부른다.

도넛 모양 선회 현상과 이력효과

여기(r_0=1)서부터 점차 속도 평균화 구역 반경을 키우면, 근방의 계층 구조는 그림2-7 오른쪽 아래 원처럼 변화한다. 즉 속도 평균화 구역이 나타난다. 이 증대에 따른 정향성과 각운동량의 변화를 나타낸 것이 두 그래프의 실선 곡선이다. 역으로 충분히 큰 속도 평균화 구역 반경에서 점차 그 반경을 줄였을 때, 그 감소에 따른 정향성과 각

운동량을 나타낸 것이 점선 곡선이다.

증대시키는 경우(실선), 가로축 값 2 부근에서 정향성은 작아지고 각운동량은 커진다. 이것은 그림2-7 c에서 제시되듯, 도넛 모양 선회운동을 나타낸다. 무리 전체가 회전하므로 속도의 다양성은 커지고, 따라서 그 평균으로 얻는 정향성은 작아진다. 회전으로 인해 역으로 각운동량은 커진다. 나아가 속도 평균화 구역 반경을 키우면 각운동량은 급격히 감소하고, 정향성은 급격히 상승해서 그림2-7 b에서 보이는 정향 배열 패턴이 나타난다.

이상이 속도 평균화 구역 반경을 증대시킨 경우 무리가 변화하는 양식이다. 그러나 역으로 속도 평균화 구역 반경을 값 4에서 감소시키는 경우(점선), 값 1 부근까지 정향성의 감소는 확인되지 않고 각운동량의 증대 및 그 증대 값도 결코 확인되지 않는다. 이것은 속도 평균화 구역 반경이 감소할 때 정향 배열 패턴이 훨씬 더 안정적으로 확인되고, 값 1 부근에서 급격히 벌레 무리처럼 스웜으로 전환함을 나타낸다. 즉 이때 도넛 모양 선회운동은 보이지 않는다.

어떤 값의 변화량으로 현상을 제어할 수 있지만, 그 값만으로는 현상의 동향이 단 하나로 결정되지 않고 그 값이 변화하는 역사(이력)에서 영향을 받을 때, 이 현상을 이력효과를 보인다고 한다.

그림2-7에서 보이는 무리의 현상은 속도 평균화 구역 반경에 관해 이력효과를 보인다. 그 이유는 직관적으로 다음과 같이 이해할 수 있다.

속도 평균화가 효과를 발휘할 때 스웜은 결코 보이지 않는다. 속도 평균화 구역이 없는 경우 초기 상태의 무작위한 속도 배치를 보존한다. 여기서 점차 속도 평균화 구역이 커질 때, 충돌 회피의 효과와 속도 평균화의 효과가 길항하는 단계에 이른다. 이 단계에서 속도 평균화의 효과는 무리 전체에 넓게 파급되지 않아 그 효과가 국소적이다. 국소적인 충돌 회피로 인해 생기는, 개체 밀도가 성긴 '구멍' 주위에서만 개체는 방향(속도)을 맞추고, 복수로 존재하던 구멍은 곧 융합하여 하나의 구멍 주위에서 방향을 맞춘다. 이리하여 도넛 모양 선회운동이 실현된다.

나아가 속도 평균화 구역이 커지면 속도 평균화의 효과는 좀더 넓은 범위를 한 번에 덮게 되고, 도넛의 원 모양을 실현하는 국소적인 평균화는 이미 사라져버린다. 속도 평균화 구역이 어떤 값 이상(여기서는 약 3.5 이상)이면, 큰 정향성을 가진 정향 배열을 안정적으로 확인할 수 있다.

속도 평균화 구역의 반경을 충분히 큰 값에서 낮춰가는 경우 큰 정향성을 갖는 배열에서 출발한다. 따라서 속도 평균화가 유지되는 한 일단 형성된 정향 배열이 무너지는 일은 없다. 큰 정향성과 작은 각운동량은 속도 평균화 구역이 거의 해소되기까지 계속 유지되고 속도 평균화 구역이 해소되는지 여부와 무관하게 집합과 이산의 평균에 의해 스웜이 나타난다.

이력효과를 보이는 현상으로서 도넛 모양 선회 현상은 이렇게 계층 보이드 모델로 설명할 수 있다.

경로에 관한 지식을 도입하다

보이드로 무리를 어디까지 설명할 수 있는가를 묻는 쿠진의 기본 방침을 조금 더 따라가보기로 하자. 그림2-8은 계층 보이드 모델에 경로에 관한 지식을 입력시킨 모델로 무리 전체로서 행하는 의사 결정을 평가한 수치 계산 결과다.

모델의 기본은 그림2-6에서 설명한 계층 보이드 모델이지만 경로의 방향에 대한 지식을 갖는 개체는 그 방향(속도)을 고집하며 자신의 속도를 갱신한다. 즉 다른 규칙—'충돌 회피' '속도 평균화' '무리 유인'—으로 얻은 속도 갱신 후보에 스스로가 고집하는 속도를 적당한 무게를 걸어 더하고 이것을 자신의 속도 갱신으로 삼는다.

그림2-8의 수치 계산에서는 100개의 개체로 이루어진 집단 내에 두 지식 집단이 존재한다. 하나는 경로(방위) S_1을 지향하는 집단, 또 하나는 경로 S_2를 지향하는 집단이다.

소집단은 각각 다섯 개의 개체로 구성되고, 두 지식 집단의 소집단 수는 같다. 이러한 소집단의 지식이 무리 전체에 전파되었을 때, 무리는 전체로서 어떠한 의사 결정을 할까?

결론부터 말하자면, 무리 전체로서 내리는 의사 결정은 두 경로가 상이한 정도에 의존한다. 두 경로가 보이는 방위가 이루는 각도를 α라 하자. 이 상황은 그림2-8 오른쪽에 제시했다. α가 충분히 작은 경우 집단의 속도는 S_1과 S_2를 평균한 것이 된다. 역으로 α가 충분히 큰 경우 집단의 속도는 S_1이나 S_2 중 어느 한쪽과 일치한다.

평균을 취할 것인가, 다른 한쪽을 취할 것인가에 대한 결정은 임계

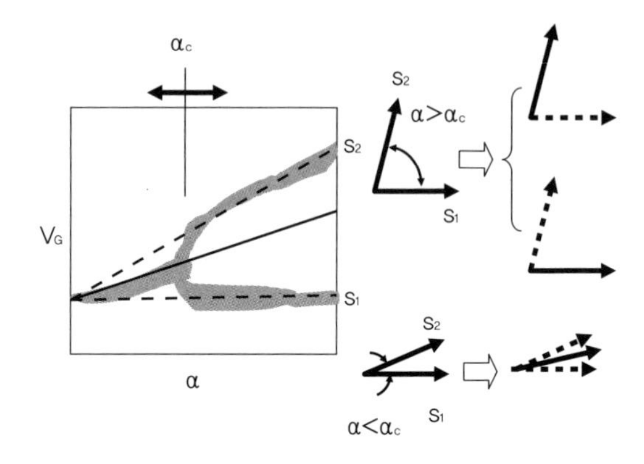

그림2-8 목적지에 관한 지식을 갖는 두 소집단이 무리 전체의 의사 결정에 미치는 영향. 목적지로 가는 두 경로를 S_1 및 S_2라 하고, 그것이 이루는 각도를 α라 해서 가로축으로 취하고, 그때 무리 전체가 채용하는 경로, V_G(방향)를 세로축으로 취한다(Couzin et al., 2005 수정 게재).

치 α_c를 경계로 해서 확연히 변화한다. 이것을 나타낸 것이 그림2-8 왼쪽에 있는 그래프다. 가로축에 두 경로가 보여주는 방위가 이루는 각도, 세로축에 무리 전체가 채용하는 방위의 방향을 각도로 나타냈다.

한쪽의 경로, S_1이 이루는 각도를 0도로 했으므로, 가로축에 평행한 점선은 S_1의 방위를 나타낸다. 여기서부터 α만큼 회전한 방향이 S_2이고, 또 하나의 경사로 달리는 점선이 S_2의 방위를 나타낸다.

각 α에 대해 수치 계산을 반복 실행하고, 그 결과 얻어진 집단으로서의 방위를 점으로 나타냈다. 그 점의 대략적인 분포는 회색 영역으로 나타났다. 각도 α가 임계치 α_c보다 작은 경우 무리는 두 경로의 평균을 채용한다. 임계치 α_c보다 큰 경우 어떤 계산 결과에서는 S_1이, 다른 계산 결과에서는 S_2가 채용된다. 따라서 하나의 α 값에 대해 얻는 집단의 방위는 S_1과 S_2 양자가 된다.

무리 전체로서의 목적은 무엇인가

이러한 임계적인 행동은 보이드의 세 규칙에 우선순위가 존재하고, 속도 평균화가 항상 실현되지는 않는다는 점에서 기인한다. 정보를 갖는 집단이 아무리 작아도, 그것들이 그 정보를 고집하는 한 속도 평균화를 통해 그 정보는 주위에 전파된다.

정보의 공유는 어디까지나 속도 평균화를 통해 실현된다. 두 방위 S_1과 S_2의 각도 차가 작을 때는 각자의 지식(운동 방위)을 속도로서 공유하는 집단은 흩어지지 않고, 따라서 속도 평균화에 의해 두 정보는 평균화되어버린다. 그러나 두 각도의 차가 커지면, 각각의 정보를 공유하기 시작한 집단은 헤어진 장소에서 각각 속도를 평균화하게 된다. 즉 한쪽 방위에 관한 지식을 가진 집단과 다른 쪽 방위에 관한 지식을 가진 집단은 흩어지면서 각각 성장한다. 그러므로 속도 정보는 각자 원래에 가까운 형태로 보존된다.

두 집단은 흩어지면 주변부부터 가까워지고, 혼합된 부분은 다시 어느 한 집단에 가까워진다. 그 결과 조금이라도 더 크게 성장한 소집단은 다른 쪽을 흡인해버리고, 결과적으로 어느 한쪽의 방위 정보만이 남는다. 즉 두 소집단 사이에 지식의 차가 클 때, 이산(충돌 회피)과 집합(무리 유인)의 효과가 함께 유효하게 작용하여 경합하고 양자의 지식의 차가 작을 때 이산과 집합의 차이는 사라져버린다.

이 모델은 5장에서 기술한 문서 보이드와 기본적으로 같은 과제를 다룬다. 문서 보이드는 각 개체가 날아다니는 공간에서 갖는 거리와 문서 사이에 정의된 문서 간 거리를 적절히 혼합해 문서를 분류했지만, 계층 보이드 모델에서는 각 보이드가 갖는 정보가 문서 코드가 아닌 목적지로 향하는 경로 지향성으로 치환되었다.

세 번째 규칙을 구현하는 방법은 다소 다르지만(문서 보이드에서는 충돌 회피를 우선하는 일은 없다), 운동하는 공간을 이용하고 무리의 동향으로서 계산을 실현한다는 점에서는 같다. 그리고 양자에게 중요한 것은 무리 전체로서의 목적이다.

문서 보이드에서는 문서의 분류가, 계층 보이드 모델에서는 무리를 분열시키지 않고 구성원 전체를 같은 목적지로 유도하는 것이 목적이다. 즉 여기서는 무리로서의 지속 가능성이 큰 목적으로서 부각된다.

이력효과를 나타내는 계층 보이드 모델에서도, 무리의 지속 가능성은 암묵적 전제였다. 여기서 다시 한번 지속 가능성에 관해 생각해보자. 무리의 지속 가능성이 미리부터 자명하지는 않다. 무리는 단편화하고 분열할 수도 있다.

분열한 경우 어느 정도의 개체 수라도 남기만 한다면 무리가 지속한다고 말해도 좋다. 또한 설령 많은 개체가 남아 있어도 모두가 다른 방향을 향해서, 이른바 새나 물고기 무리처럼 정향성을 보이지 않을지도 모른다. 그렇지만 무리는 지속한다고 말할 수 있다.

오리지널 보이드나 자기추진입자에서 무리란 기본적으로 정향배열을 보이는 집단이었다. 여기에는 제멋대로 운동하는 개체와 동조하는 전체라는 이항대립이 있고, 양자를 결합하기 위한 장치로서 개체 간의 상호작용을 구상한다.

이항대립의 단성분, 부분–전체의 쌍을 결부해 지속 가능한 전체를 구상할 수 있는가 하는 문제를 해결하기 위해 부분–전체 간에 이른바 매개자를 구상한다. 그것은 국소적인 영역에서 '작은' 부분–'작은' 전체로서 구상되지만 두 양상을 갖는다.

첫 번째 양상은 '사물'로서 주위를 전망한다고 상정되는 개체와 '것'으로서 일괄되는, 근방 내에 위치하는 집단이라는 쌍이다. 두 번째 양상은 주위와 독립해서 자율적으로 운동하는 개체와, 동조하는 집단이라는 쌍이다. 또한 이러한 쌍은 실로 여러 가지로 상정할 수 있고, 그 쌍의 다양성이야말로 전체로서의 목적을 한정 없고 일정치 않게 만들어, 문자 그대로 지속 가능성을 실현한다고 생각할 수 있다.

그렇기 때문에 무리는 당초 정향 배열에 지나지 않았지만 계층 보이드 모델에 이르면, 흩어져서 계속 정류할 뿐인 스웜도 무리에 포함되게 된다. 다양한 쌍을 횡단하는 힘, 이것이야말로 미한정성을 실현하는 열쇠다.

8장 개체는 무엇을 보는가

무리의 그물망 구조

무리의 단편화

보이드는 단순한 세 규칙으로 구성되어 덩어리를 이루는 무리를 형성한다. 레이놀즈의 논문을 누구나 그렇게 생각했고, 쿠진이 만든 계층 보이드로 말미암아 강한 확신을 얻었다. 그러나 세 규칙을 구현하는 데는 다양한 방법이 있고, 경우에 따라 무리는 분단된다. 역으로 그러한 부정적 결과를 야기하는 구현 방식을 관찰하면 무엇이 무리 형성에 가장 효과적인지가 보인다.

올패티세이버는 서로 가까워졌다 멀어졌다 하면서 속도를 맞추는 보이드를 균형 상태에 있는 결정結晶 구조와 같은 네트워크로서 파악했다. 그리고 그러한 네트워크 구조는 국소적인 보이드의 규칙만으로 형성될 수 없다고 주장했다.

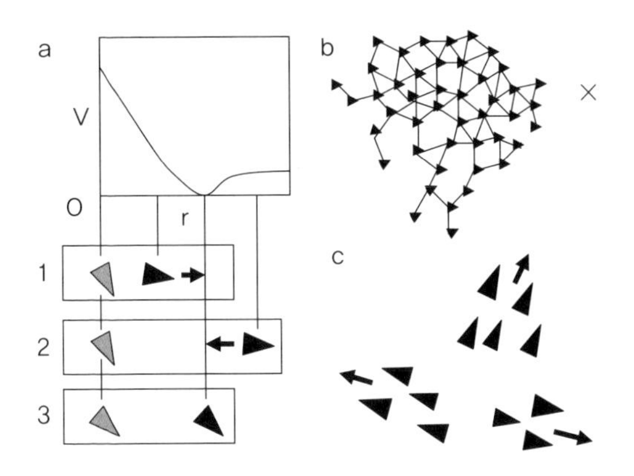

그림2-9 a: 세이버의 모델에서 국소적 포텐셜과 그 사용 방식. 개체(검은 삼각형)는 근방의 다른 개체(회색 삼각형)와의 거리에 의존해서 반발하거나 접근하고 속도를 맞춘다. b: 국소적 포텐셜에 의해 형성되는 격자 네트워크. c: 단편화.

결정 구조라는 관점은 무리를 정향 배열로 보는 자기추진입자의 이미지와 정합적이다. 세이버의 모델에서 그 정향성은 보이드가 서로 적당한 거리를 가짐으로써 형성되고 유지된다. 즉 그는 보이드 간의 접근과 반발의 균형에 의해 적절한 거리가 형성되고 유지된다고 생각했다.

모든 보이드는 다른 개체와 자기 사이에 **그림2-9** a와 같은 포텐셜이라 불리는 척도를 갖는다. 포텐셜 V는 원점 0에서 최대 크기를 갖고, 원점에서 갖는 거리 r이 커짐에 따라 감소하여 어느 거리에서 그 값은 최소가 된다. 거기서부터 다시 거리가 커질 때 포텐셜은 재차 천천히 증대한다.

각 개체는 포텐셜을 이용해 다른 개체와 다음과 같이 상호작용한다. 다른 개체를 원점의 위치에 두고 자신의 위치와 갖는 거리에 따른 포텐셜을 참조하고, 포텐셜이 감소하는 방향으로 이동한다. 따라서 그림2-9 a의 1에서 제시된 위치관계에 있을 때, 개체(검은 삼각형)는 포텐셜 최소값을 향해 다른 개체(회색 삼각형)와 거리를 취하게 되고 그림2-9 a의 3에 제시되는 위치관계를 취해 속도(방향)를 맞춘다. 또한 그림2-9 a의 2에서 보이는 위치관계에 있을 때에도 포텐셜 최소값을 향해 다른 개체로 접근하여 역시 그림2-9 a 3의 위치관계를 취해 속도를 맞춘다.

즉 각 개체는 적절한 개체 간 거리를 갖고, 포텐셜을 참조해서 멀어지는가 가까워지는가에 따라 이 거리를 유지하고 속도를 맞춘다. 그 결과 개체는 특정 거리를 유지하는 네트워크를 형성한다. 그림2-9 b는 개체 간의 거리가 특정 크기일 때에만 선으로 묶은 무리의 구조다.

이렇게 세이버의 무리 모델에서는 포텐셜을 참조하는 상호작용 속에서 보이드의 세 규칙이 모두 구현되었다. 특정 반경의 내측, 반경위, 외측 각각에서 충돌 회피, 속도 평균화, 무리 유인이 구현되어 있다.

단 이 모델은 속도 평균화를 구현하는 구역이 매우 좁다. 쿠진의 모델과 비교했을 때 속도 평균화는 까다로운 조건이 만족되었을 때만 실현된다고 생각하면 된다.

그림2-9 b의 격자공간과 같은 무리 구조에서도 성긴 부분과 조밀한 부분이 있음을 알 수 있다. 조밀한 부분에서 각 개체는 인접하는 다른 대여섯 개의 개체와 선으로 묶여 있다. 한편 성긴 부분에서는

한두 개의 선으로 간신히 묶여 있는 데 지나지 않는다. 그것은 즉 이 선이 끊겨버리면 무리의 일부가 끊어져 작은 단편이 되어버림을 의미한다.

무작위한 초기 상태에서 출발할 때, 여러 조밀한 장소에서 격자 네트워크가 형성될 것이다. 그러나 이렇게 생긴 작은 무리 각자가 독립적으로 속도 평균화를 행하기 때문에, 작은 무리는 서로 제멋대로인 방향으로 흩어져버린다(그림2-9 c). 이러한 무리의 단편화는 언제든지 어디에서든지 일어날 수 있다.

천적이 격자 네트워트를 이루는 무리를 공격해 오는 경우, 또한 무리가 좁은 장애물 사이를 나뉘어 통과해야만 하는 경우, 무리는 쉽게 분단되고 단편화된다. 때문에 세이버는 보이드의 세 규칙만으로는 무리를 유지하기가 불가능하다고 판단했다.

'사물'과 '것'의 중간에서 조정은 가능한가

그러면 격자 네트워크를 유지하는 무리는 어떻게 한 개의 덩어리로서 형성되는가. 세이버가 준비한 장치는 그가 내비게이션 피드백이라 부르는 것으로, 이른바 가상적 리더(참조점)를 말한다.

그림2-9 b에서 × 표시한 위치에 가상적인 리더가 존재하고 모든 개체는 이것을 좇아간다. 이때 무리 전체는 안정되고 설령 장애물이나 천적 탓으로 일시적으로 단편화되어도 재빨리 참조점을 이용해서 전체성을 재형성한다.

무리 전체의 참조점이 없는 한 무리는 형성되지 않는다는 세이버의 주장은 어떤 의미에서 말장난과 같다. '개체 간의 상호작용만으로 전체성을 자기조직적으로 형성할 수 있는가' 하는 질문이야말로 무리 형성의 문제이고, 그것에 대해 전체성을 미리 갖춰놓는다는 해결책은 대답이 되지 않기 때문이다.

그러나 그의 주장은 극히 시사적이다. 무리 형성의 문제에서 부분(사물)과 전체(것)를 정합적으로 통합할 수 있는가 하는 것이야말로 근본적인 질문이었다. 극단적인 '사물'이란 상호작용을 완전히 무시한 개체의 집단으로서 상정되는 무리이고, 극단적인 '것'이란 분단되고 단편화되는 일이 없는 무리다.

양자는 양립하지 않으며, 여기서 발견되는 것은 '사물'과 '것'의 이원론이다. 양자를 결합할 수 있는가 하는 질문은 이러한 극단적 '사물'과 '것'이 아닌 전체성과 접합부를 갖는 개체를 상정하고, 이원론적 '사물'과 '것' 사이에 양자의 중간적 매개자를 두는 것을 상정한 질문으로서 취해야 한다.

그에 대한 한 가지 대답이 '사물'(하나의 개체)이 주위에 존재하는 '것'(국소적 무리)을 인식하고 동조하여 끊임없이 '사물'과 '것' 사이를 조정하는 보이드였다.

세이버의 주장은 정말로 '사물'과 '것'의 통합이 가능한가를 묻는 질문이다. 매개자를 '사물'과 '것'의 직접적인 중간자로서 정의하는 것만으로 '사물'과 '것'은 통합될까? 여기서 직접적인 중간자란 다른 것과 관계를 전혀 갖지 않고 서로 독립적인 개체와 전체성이 일대일로 대응되는 관계 혹은 그것을 실현하는 장치를 말한다.

즉 보이드의 경우 그것은 어떤 개체와 주위 개체의 평균화를 의미하고, 그 시간적 극한에 위치하는 무리는 속도–방향을 맞춘 정향 배열을 하면서 격자 네트워크를 형성한다고 상정된다. 완전히 정렬한 무리에서 각 개체는 주위를 전혀 보지 않고, 단지 이전의 속도를 유지한 채 진행하는 것만으로 정렬한 무리가 유지된다. 그것이야말로 무리와 개체의 완전한 일치를 의미한다. 세이버의 모델은 이런 의미에서 보이드의 본질을 가장 단순한 형식으로 구현했다. 그럼에도 불구하고 그 모델은 격자 네트워크를 형성할 수 없고, 새로운 전체성의 참조점(것)을 필요로 했다. 즉 '사물'–'것'의 직접적인 중간자로 '것'성은 보완할 수 없고, 무언가가 부족했다.

비동기성의 도입

다시금 원래 보이드나 자기추진입자, 쿠진의 계층 보이드를 살펴보고 세이버의 모델과 비교해서 어떻게 세이버가 지적한 문제점을 극복하는가를 살펴보자.

우선 원래 보이드나 자기추진입자에서는 단편화를 막기 위해 그저 속도 평균화 근방의 반경을 크게 만들지도 모른다. 이것은 세이버의 시선으로 보면 말장난과 같다. 어쨌든 국소적 상호작용에 의한 자기조직화로서 무리를 형성할 수 있는가를 묻고 있는데, 거대한 근방은 이미 국소적으로 상호작용하지 않기 때문이다.

쿠진의 모델은 어떠한가. 실은 여기에는 속도 평균화에 관한 비동기성이 숨어 있다. 다른 개체에 반발하기와 다른 개체를 유인하기는 동시에 적용되지 않으며, 속도 평균화는 유인과 병존할 때만 적용되고 반발할 때는 결코 적용되지 않기 때문이다. 즉 속도 평균화라는 개체와 근방 집단을 일대일로 결부하고 '사물'과 '것'의 통합을 꾀하는 메커니즘에 오히려 그 적용을 막는 것이 내재한다고 해도 좋다.

본래의 보이드에서 속도 평균화는 국소적인 근방을 통해 실현되면서도, 그 적용이 동시이므로 동조에 관한 요동은 상쇄되어버리고 무리 전체가 하나의 전체='것'이 되었다. 한편으로 속도 평균화의 비동기적 적용은 경우에 따라서는 동조에 관한 요동을 증대시킬 위험성을 품는다. 그러므로 비동기적 시간은 사물·것의 통합을 막는 것, 사물·것의 원론적 대립 축을 비일정하게 하고, 선명치 않게 하는 두 번째 축이다.

세이버의 지적을 수용해서 쿠진의 모델을 재평가함으로써 '사물'과 '것'의 통합이 아닌 접합이라는, 무리 형성의 문제에 있어 방법론의 전환이 보이게 된다.

'사물'과 '것'의 통합, 즉 동기를 전제로 한 개체와 근방 집단의 동조(속도 평균화)를 오히려 방기하고 양자 간에 통합을 어긋나게 하는 새로운 축, 비동기성을 도입하는 것. 이것은 '사물'과 '것' 양자를 인정하면서 그 구별을 무효로 만드는 축의 도입이며, '사물'과 '것'의 미분화적 접합체를 개설하는 새로운 방법론이다.

단 계층 보이드 모델에서 '사물'과 '것'의 접합은 아직 통합에서 전회하는 것으로서는 철저하지 못하다. 개체와 전체, '사물'과 '것'의 관계는 주위와 무관하게 움직이는 개체와 동조성이 대립하는 도식에서도 제시된다. 그 대립 도식은 자기추진입자의 경우에서 보았듯이 요동과 동조였다.

그렇다면 통합이 아닌 접합이라는 전회는 요동과 동조성을 직접 결합하는 것이 아니라, 다른 차원의 축을 도입함으로써 접합에 도입하는 형식이어야만 한다. 지금부터는 이러한 접근을 유념하면서 논의를 진행하기로 하자.

계량 거리와 위상 거리

무리의 화상 해석이 보여준 보이드의 불충분성

올패티세이버의 지적을 통해 우리는 개체(사물)가 근방 집단(것)과 일대일 관계를 갖는다고 해서 무리 형성을 설명할 수 있는 것은 아니라는 전망을 얻었다. 그것은 개체가 근방 집단과 상호작용할 때, 그 국소에 직접적인 '사물'과 '것'의 통합은 없고 오히려 통합을 막는 어긋남이 존재한다는 것을 의미했다. 개체와 근방 집단 사이에는 실제로 어떠한 어긋남과 위화감이 개재하는 것일까?

무리 연구에서는 줄곧 모델이나 이론이 선행했다. 개체 간 상호작용에 관해서는 오랫동안 직감적인 설명이 상세한 검증 없이 사용되었다. 무리 속에서 개체가 어떻게 주위를 보고 있는지 평가할 방법이 없었기 때문이다.

최근 몇 년간, 영상 기술의 진보 덕분에 동물 무리의 운동을 연속

화상으로 도입, 경우에 따라서는 개체를 식별해서 개체 간 상호작용이나 무리 내부의 운동을 해석하는 연구가 진행 중이다. 유럽에서는 각국의 화상 해석 전문가, 통계물리학이나 수리생물학 연구자가 모여 대규모의 찌르레기 무리를 해석하는 스타플래그starflag 계획이라는 프로젝트 연구가 진행되고 있고, 정력적으로 논문을 발표하고 있다. 그 논문 중에 계량 거리와 위상 거리에 관한 논문이 있다.

지금까지 기술해왔듯이 종래 무리를 구성하는 동물은 크기가 결정되어 있는 반경으로 규정된 근방을 갖고 이 근방 속에 다른 개체가 존재할 때 반발하거나 속도를 맞추거나 하는 행동을 취하며, 그것이 무리 형성의 기본적 메커니즘이라고 생각되었다. 그러나 세이버가 지적했듯이 개체 간 거리를 유지하면서 주위의 다른 개체와 속도를 동조시키는 무리는 거리관계가 붕괴하면 즉시 단편화해 흩어지게 될 것이라고 생각할 수 있다.

이탈리아의 발레리니 연구 팀은 각 찌르레기 개체가 주위의 어떠한 다른 개체와 상관을 갖는가를 조사해서, 찌르레기에게 근방이 어떠한 것인지 영상 해석을 통해 직접 평가했다. 우선 거대한 찌르레기 무리를 여러 대의 카메라로 촬영하여, 각 개체의 위치를 3차원적으로 확정했다.

최인접 근방 개체란 각 개체로부터 가장 가까운 위치에 있는 다른 개체다. 이하 거리가 가까운 순으로 인접 1위, 2위, 하고 순위를 매길 수 있다(그림2-10 a). 각 개체에게 어떤 순위의 인접자란 한 개체다. 예컨대 어떤 개체에게 5위 인접자란 왼쪽에 위치하고 다른 개체에게

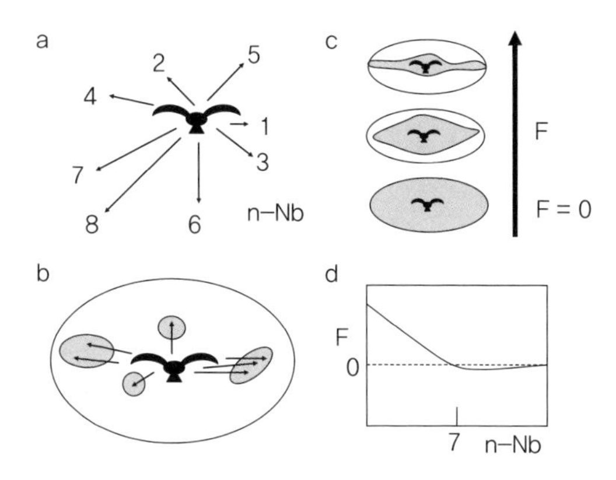

그림2–10 찌르레기 무리에서 보이는 근방의 구조. a: 각 개체에서 인접 근방 개체 순위. b: 근방 개체의 방향을 겹쳐 그린 근방 방위 패턴. c: 근방 방위 패턴에서 이방성異方性의 강도 F. 위로 갈수록 크다. d: 인접 근방 개체 순위와 근방 방위 패턴 이방성의 관계.

는 오른쪽에 위치할 것이다. 여기서 각 개체에게 어떤 순위—예컨대 5위 인접자—가 보여주는 방위를 모두 겹쳐 그려본다.

그림2–10 b처럼 무리 전체의 각 개체 중심에서 5위 인접자의 방위를 화살표로 나타낸다면, 어떤 개체에게 그것은 위쪽 방향 화살표, 또 다른 개체에게는 오른쪽 방향 화살표로 보일 것이다. 이 전체의 분포에 의해 5위 인접자의 평균적인 방위를 분포로서 평가할 수 있다.

인접 n위 방위 분포가 특정 구조를 가진다면 그림2–10 c의 위쪽 그림에서 보이듯, 방위 전체 내에서 방위 분포는 편재한다. 각 개체에게 인접 n위의 위치가 모두 다를 때 방위 분포는 등방적이고 동일한, 그림2–10 c의 아래쪽 그림에서 보이는 패턴이 된다. 이 방위 분포의 이방성 강도를 적당하게 정의해서 이것을 F로 표기한다. 그림2–10 c에서

F는 위로 갈수록 크다.

이상을 준비해두고 현실의 찌르레기 무리에서 인접 n위의 방위 분포 이방성 강도를 인접 순위에 대해 나타낸 것이 그림2-10 d다. 방위 분포 이방성의 강도는 인접 순위 1위에 대해 가장 크고, 2위, 3위로 인접 순위가 내려갈수록 이방성은 감소한다. 그리고 인접 순위 7위쯤에서 이방성은 거의 0이 되어, 방위 분포의 특정 구조를 잃어버린다.

즉 제7위 인접자까지는 특정 방위 패턴을 갖지만 그 이상이 되면 위치관계는 무작위가 되어 아무런 구조를 갖지 않는다. 인접 순위 7위 정도까지는 찌르레기가 개체 간의 위치나 속도에 관한 조정을 행하지만, 그 이상에 관해서는 아무것도 하지 않는다. 그림2-10 d는 그러한 찌르레기의 개체 간 상호작용을 의미한다.

중요한 점은 위치나 속도에 관한 개체 간의 조정을 절대적인 거리가 아닌 상대적인 인접자 순위에 기반을 두고 행한다는 점이다. 제1위부터 제7위까지의 인접 개체와 항상 상호작용하고 있지만, 어떤 고정된 거리 이내에 존재하는 다른 개체와 상호작용하고 있는 건 아니다. 이것은 차이를 포함하는 모든 보이드에서 가정되어 있는, 고정된 반경에 의거해 정의된 근방 내 상호작용에 이론異論을 제기하는 관찰 사실이라 할 수 있다. 그 의미는 그림2-11을 보면 명백하게 알 수 있다.

그림2-11 a는 계량 거리로 정의한 근방을 나타낸다. 계량 거리란 센티미터 단위로 측정되는 거리다. 그러므로 계량 거리로 정의한 근방이란 길이가 고정된 반경을 갖는 근방이다. 그림2-11 a 왼쪽 그림에서

는 회색 화살표로 나타난 개체를 중심으로 하는 원이 계량 거리로 정의한 근방을 나타냈다. 중심 개체는 이 원 안에 있는 다른 개체와 상호작용하여 속도나 위치를 조정한다.

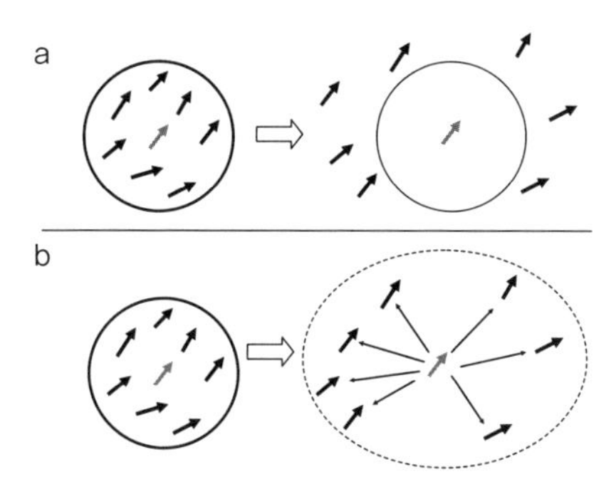

그림2-11 a: 계량 거리로 정의한 근방. b: 위상 거리로 정의한 근방.

따라서 천적이나 장애물이 출현함으로써 국소적인 위치관계가 흐트러지고, **그림2-11** a 오른쪽 그림처럼 다른 개체가 원에서 벗어나버리면 중심 개체는 어떤 다른 개체와도 상호작용하지 않는다. 이리하여 중심 개체는 무리에서 떨어지고 이러한 과정을 통해 무리는 단편화된다.

인접 개체의 수로 정의하는 '위상 거리 근방'

그림2-11 b는 **그림2-10**에서 얻은 마법의 숫자 7을 이용한 제7위 인접 개체와 상호작용하기 위한 근방을 나타낸 것으로, 위상 거리로 정의한 근방이라 불린다. 어떤 거리 내의 다른 개체와 상호작용하는 듯 보이는 경우도 물론 존재하지만(**그림2-11** b 왼쪽), 개체 간의 거리가 흐트러져 인접 개체의 거리가 극히 커져도 중심 개체는 인접한 일곱 개의 개체를 모니터해서 위치와 속도를 조정한다. 따라서 상호 작용하는 근방은 커지거나 작아져 주위 다른 개체의 배치에 따라 변동한다.

위상 거리 근방은 세이버의 지적에 대한 하나의 대답처럼 생각되기도 한다. 세이버의 지적은 무리의 형성과 안정적인 유지에는 어떤 전체성(참조점)이 필요해진다는 것이었다. 세이버는 무리를 큰 정향성을 가진 배열로 정의하고 정향성의 상승이라는 규칙—결정結晶과 같은 집단과 독립적인 개체를 잇는 것—만으로는 결정같이 큰 정향성을 가진 무리는 형성할 수 없다고 주장했다.

위상 거리 근방은 정향성을 높이는 개체 간 상호작용의 적용 공간 자체를 끊임없이 조정하고 변화시킴으로써 무리의 형성과 유지를 실현하는 것이라 생각된다. 고정된 반경으로 근방을 정의하는 것이 아니라 인접 개체의 수로 근방을 정의하는 것이다. 이리하여 근방의 확대와 수축을 구현하고, 장애물이나 천적 등을 포함하는 동적이고 미한정적인 환경에 대응할 수 있는 동적인 무리를 실현할 수 있다.

계량 거리 근방과 위상 거리 근방

계량 거리에 의한 근방과 위상 거리에 의한 근방은 앞 장에서 기술한 신체 이미지와 신체 도식의 관계, 즉 '것'으로서의 신체와 '사물'로서의 신체를 대비한 것을 상기시킨다. 계량 거리 근방에서는 다른 개체를 구별해서 확정하고 각각 모니터할 필요 없이 어떤 반경 내부의 다른 개체를 일괄해서 자동적으로 다룬다. 그것은 근방이 중심에 있는 개체에게 자명한 세력권과 같은 공간이고, 확장된 신체와 같은 것임을 의미한다. 미리 규정된 것과 같은 하나의 확장된 신체이므로 하나의 전체성을 본질로 하고 신체 이미지에 대응하며, '것'에 대응하는 근방이다.

다른 한편 위상 거리 근방에서는 인접 개체를 각각 모니터하고 결과적으로 그 총합으로서 근방 공간이 출현한다. 그것은 복수의 다른 개체라는 부분의 총합에 의해 결과적으로 생기는 공간이자 전체다. 그것은 조작 가능한 손이나 발 등의 각 부위를 통합해서 얻는 신체 도식에 대응하는 근방이라 생각할 수 있다.

만약 이상과 같은 대비가 타당하다면 계량 거리 근방과 위상 거리 근방은 양자택일해야 하는 것이 아니라 오히려 양의적이고 공존하는 것이다. 물론 양자 간에는 신체 도식과 신체 이미지 사이가 그러했듯이 끊임없는 조정과 상호작용이 있고, 어느 경우에는 한쪽만이 탁월한 듯 보이는 일도 있을 것이다.

그러나 본래 양자는 근방의 양의적 성격이며 공존하는 것이라고 생각해야 하는 것은 아닐까? 그렇다면 거리에 상관없이 인접한 일곱 개의 개체를 계속 모니터하는 '사물'로서의 근방에, '것'으로서의 근방의 의미가 부여될 필요가 있다.

다른 개체의 '사물화' '것화'란

고베대학의 내 연구실에서 2012년 봄 박사 논문을 제출해 학위를 취득한 니자토 다카유키新里高行 군(현재 쓰쿠바대학 조교)은 계량 거리 근방과 위상 거리 근방의 양의성을 '끊임없는 전환switching'으로 표현한 무리 모델을 제안했다.

자신의 주위에서 일정한 거리 내에 위치하는 다른 개체를 샘플링

해서 만약 정향성이 크다면 그 반경에서 정의된 근방은 자신에게 확장된 신체와 같은 '것'적 근방, 곧 계량 거리 근방이라고 보고 이 근방에 관해 상호작용한다.

만약 정향성에 관한 조건이 만족되지 않으면 계량 거리 근방의 채용을 포기하고 인접한 일곱 개 개체에 의한 위상 거리 근방을 채용한다. 이 판정을 통해 계량 거리 근방과 위상 거리 근방의 양의성이 구현된다. 이 모델에서는 무리가 이산하려고 할 때 위상 거리 근방이 사용되어 전체로서 조밀하게 모이고, 개체 간 거리가 작게 모일 때 계량 거리 근방이 사용되어 정향성이 높아진다.

또 이 모델은 '사물'과 '것'의 양의성에 관한 표현이라고도 생각할 수 있다. 각 국소에서는 위상 거리 근방과 계량 거리 근방 중 하나를 채용하지만 무리 전체로 보면 어떤 장소에서는 위상 거리 근방, 다른 장소에서는 계량 거리 근방으로 공존하고 편재한다.

'사물'과 '것'의 양의성을 국소에서도 공립시킴으로써 무리 형성을 좀더 직접적으로 구현할 수도 있다. 그 모델은 '사물'과 '것'을 현실화된 결과로서의 운동(사물)과 예기되는 상황으로서의 운동(것)으로 분배하고, 양자가 교착함으로써 개체 간 상호작용을 구상한다. '사물'과 '것'을 개념적으로 철저히 구별하는 생각이라고 할 수 있다.

다른 개체를 확정하고 구별해서 세계로부터 독립시켜 다루는 것, 혹은 이를 집합적으로 단순히 더해서 가능한 대상으로서 다루는 것, 이것이 다른 개체를 '사물'화하는 것이다.

한편 다른 개체를 '것'화함이란 다른 개체를 주위와 구별하지 않고 불명료하게 연결한 어떤 연속으로서 다루는 것을 의미한다. 우측 3미터 위치에서 나란히 달리는 다른 개체가 명료한 경계를 가진 찌르레기—'사물'로서의 찌르레기—가 아닌 더 크고 흐릿한 영역으로서 지각되는 것이다.

그것은 과거의 운동을 참조해서 얻은 예기된 찌르레기이자 '것'으로서의 찌르레기다.(점과 한 개의 값을 미래에 대해 계산하는 것을 '예측', 하나의 점과 값으로 결정하기가 불가능하며 폭이나 영역으로서만 결정되는 미래에 대해 계산하는 것을 '예기'라 하여 양자를 구별한다.) 이러한 '것'으로서 찌르레기를 연결하는 것이 바로 '것'으로서 근방이 갖는 형식이다.

'비동기적 시간'이라는 중요한 개념

쇼와昭和 30년대1955~1964에 '타격의 신'이라고 평가받은 자이언츠의 가와카미 데쓰하루川上哲治는 "공이 멈춘 듯 보인다"고 말했다. 그것은 예기된 영역으로서의 큰 공—'것'으로서의 공—이었던 것은 아닐까.

인간의 경우 이러한 지각은 탁월한 운동 능력을 가진 자에게만 허용되지만 동물이라면 필시 이러한 지각이 널리 확인되지 않을까. 그리고 예기된 '것'으로서의 공이 '사물'로서의 공—점인 공—이기도 하기 때문에 타격점을 칠 수 있듯이, 찌르레기 무리의 경우 운동하는 점—'사물'로서의 개체—역시도 '것'으로서의 찌르레기와 겹쳐져 나타날 것이다.

'것'으로서의 큰 공이 이른바 안길이가 있는 3차원적 덩어리로 표상되고 그 중심에 '사물'로서의 공이 위치한다면 '것'으로 대략적인 표적 위치를 확정함으로써 그 내부에 있는 좀더 상세하고 현실적인 공 위치가 '사물'로서 파악될 것이다. '것'이 없고 '사물'뿐이라면 그 무한소의 점으로 주의를 집중하기는 불가능하다. 그러므로 공에서 '사물'과 '점'은 혼효하고 서로의 역할을 보완한다.

멈춘 공 모델을 부연한다면 동물 무리에서 '사물'이란 한순간에 확정되는 위치와 속도이고 '것'이란 예기되는 위치와 속도가 된다. 이것들을 기초로 둔 근방이 바로 양의적으로 혼효하는 '사물'로서의 근방, '것'으로서의 근방이라고 생각할 수 있다.

이렇게 구상되는 '사물'과 '것'은 우리에게 재차 비동기적 시간이라는 개념의 중요성을 상기시킨다. 순간에서 위치와 속도는 가능성 내에서 선택된 실현의 결과이고 과거에서 미래로 가는, 시간에 순행하는 과정이다.

다른 한편 예기는 실현된 결과에서 가능성의 다발을 개설하여 미래에서 과거로 가는, 시간에 역행하는 과정이다. 통상 미래에서 과거로 가는 과정은 인과율을 파괴하기 때문에 상정할 수 없다.

그러나 과거에서 미래로 흐르는 시간의 흐름, 미래에서 과거로 흐르는 시간의 흐름이 교차하는 장은 상정할 수 있다. 그것은 모든 것이 동기하여 시간이 진행하는 장이 아니라 흩어져 일어나는 장, 즉 비동기적인, 시간이 국소적으로 진행하는 장임에 틀림없다. 이리하여 우리는 근방의 양의성과 혼효성을 사용해 비동기적 시간을 어떻게 모델에 도입할 것인가를 생각하게 된다.

9장 스케일프리 상관

무리의 크기에 비례하는 강상관 영역

스케일프리 상관도 스타플래그 계획의 일원인 이탈리아 물리학자 카바냐가 찌르레기 무리에서 발견한, 무리의 특징적인 현상이다. 그림 2-12로 설명해보자. 그림2-12 a는 어떤 순간의 찌르레기 무리 스냅사진과 단위시간 뒤 무리의 스냅사진의 차로 얻은 속도 변이 분포다. 이것으로 속도 요동의 분포를 계산한다.

속도 요동이란 무리 전체의 평균 속도—모든 개체의 속도를 방향을 포함해서 더한 값을 개체 수로 나눈 값—와 각 개체의 속도가 갖는 차이다. 각 개체의 속도 요동을 계산해서 각 개체의 위치에 표시한다. 여기서는 속도 요동의 분포에서 그림2-12 b와 같은 강상관 영역을 확인할 수 있다.(점선 루프로 둘러싸여 있다.)

열에 의해 생기는 요동은 분자를 무작위한 방향으로 운동시킨다. 그 난잡한 움직임은 브라운 운동이라고 알려져 있다. 만약 찌르레기의 요동도 무리 전체의 평균속도에 대해 열처럼 작용한다면 속도 요동은 장소마다 제멋대로인 방향과 크기를 갖게 될 것이 틀림없다.

그러나 찌르레기 무리에서는 특정 장소에서 요동의 방향과 크기가 맞춰져 있어, 강상관 영역의 존재가 드러난다. 무리의 어떤 영역만이 특이하게 동기하고 같은 방향을 향해 운동한다. 즉 무리는 균질한 전체가 아닌 어떠한 구조를 갖는다.

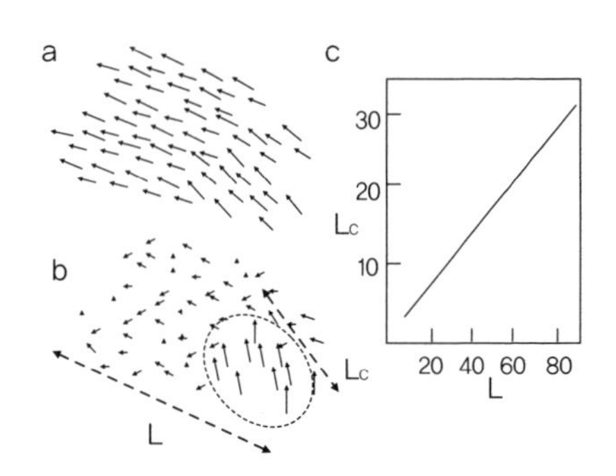

그림2-12 a: 찌르레기 무리에서 개체 속도의 분포. b: 같은 무리에서 속도 요동의 분포와 무리의 크기(L) 및 강상관 영역의 크기(Lc). c: 찌르레기 무리에서 무리의 크기와 강상관 영역 크기의 관계. 무리의 크기에 비례해 일정 비율을 유지한다.

여기서 카바냐 그룹은 이 상관 영역의 크기가 무리의 크기와 어떠한 관계를 갖는가를 조사했다. 만약 찌르레기들이 음이나 어떤 특정 신호로 운동 방향에 관한 정보를 서로 교환하고 그 결과 강상관 영역이 나타난다면 강상관 영역의 크기는 그 신호 전파 속도에 틀림없이 의존할 것이다.

그렇다면 강상관 영역은 무리의 크기와는 독립적으로 일정 크기로 패턴화할 것이다. 무리의 크기가 10미터일 때 강상관 영역이 3미터라면 설령 무리의 크기가 100미터로 바뀌어도 강상관 영역의 크기는 3미터일 것이고, 그러한 강상관 영역은 거대한 무리 속에서 복수로 확인되는 패턴을 보일 것이다.

그렇지만 실제로 둘은 크기에 따른 비례관계에 있으며, 강상관 영역의 크기는 변화한다(그림2-12 c). 무리의 크기가 10미터일 때 3미터였던 강상관 영역은 100미터의 무리에서는 30미터가 되는 것이다.

이것은 무리 전체가 항상 같은 비율을 갖고, 기능적 전체의 비례가 일정하게 유지됨을 의미한다. 무리 전체가 거대한 한 마리 새라고 하면, 머리도 꼬리도 항상 일정한 비율을 갖는 셈이다.

즉 무리는 크기에 관계없이 보존되는 부분과 전체의 관계를 갖는다. 스케일과 무관한 상관 영역이 존재하기 때문에 이 현상은 스케일프리 상관이라 불린다.

'사물'(부분)과 '것'(전체)의 미분화성이 개체 간 상호작용에 내재하고, 무리 전체의 크기에 따라 '사물'과 '것'의 구별과 양의성이 현재화한다. 그렇기 때문에 무리는 스케일프리 상관을 갖고, 극히 동적인 사물·것 관계를 유지한다. 스케일프리 상관은 무리의 신체라는 새로운 문제계를 제시하는 현상이라 생각할 수 있다.

제3부

남병정게 무리는 고통을 느끼는가

10장 이리오모테섬에서 시작하다

정글을 바라보며 게와 유희하다

개체의 다양성을 유지하면서 전체로서 하나인 무리, 이러한 무리는 개성을 유지하면서도 뿔뿔이 흩어지지 않고 계속 연결되어 있는 인간 사회의 원초적 구조이고, 다양하게 분화하고 분업하는 신경세포 무리, 즉 뇌의 원형이라고도 생각할 수 있다.

인간 사회만큼 각 개체의 내부 구조나 관계성도 복잡하지 않고, 뇌만큼 대규모도 아닌, 그 구성 요소를 구별하고 추적할 수 있는 대상. 우리는 연구 대상으로서 그러한 생물 모델을 찾았다.

연구실에서 무리 연구를 시작하고 시간이 좀 지났을 무렵, 내 연구실에서 학위를 받아 현재 신슈대학에서 교편을 잡고 있는 모리야마 도오루森山徹 씨로부터 연락이 있었다. 이리오모테西表섬의 개펄에 대규모로 서식하는 병정게soldier crab의 일종인 남병정게학명은 *mictyris guinotae*. 일본어로 コメツキガニ를 병정게라고 하므로 이에 ミナミ(남南)을 붙인 가칭이다 무리

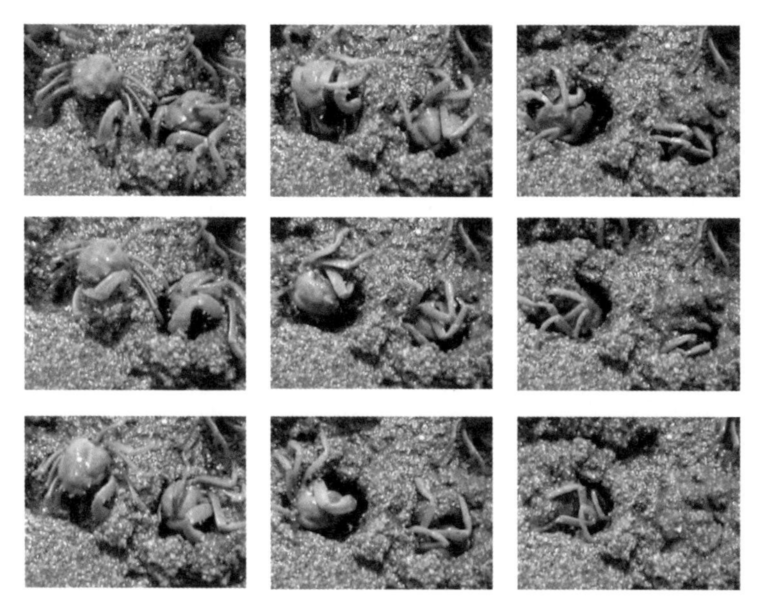

그림3-1 좌우의 집게를 교대로 조작해서 모래를 퍼내면서 반시계 방향으로 회전해 모래로 기어들어가는 남병정게. 왼쪽 위→왼쪽 아래→중앙 위→중앙 아래→오른쪽 위→오른쪽 아래로 진행된다.

가 재밌으니까 함께 연구하지 않겠느냐는 제안이었다. 바로 신슈대학으로 가서 게 영상을 살펴보았다.

남병정게는 크기가 성인의 손톱 정도로, 코발트블루 색의 갑각이 선명했다. 개펄을 자유롭게 돌아다니다, 인간이 뒤쫓아 가면 바로 개펄의 모래진흙 속으로 들어가는 습성이 있다.

모리야마 씨는 작은 게가 큰 게를 따라가는 현상이 무리 형성의 중요한 요소라고 생각해, 이런 쪽에서 접근을 하고 싶다고 했다. 남병정게는 겨울을 나는 데 성공해 2년째, 3년째를 맞이하는 경우가 있고,

월동 개체들은 그해의 봄에 태어난 개체보다 꽤 크다. 어린 개체들은 인간의 기척을 느끼면 바로 모래진흙 속으로 기어들어가버리지만, 월동 개체는 바로 들어가지는 않고 계속 돌아다닌다.

이때 월동 개체의 근처에 어린 햇남병정게 개체가 있으면, 어린 개체는 월동 개체를 따라서 모래로 기어들어가지 않는 현상이 있다고 한다. 이렇게 해서 대여섯 마리 개체로 이루어진 소집단이 형성되는데, 이 현상의 연장선상에서 무리 형성을 고찰한다는 것이 그의 전략이었다.

나는 무엇보다도 개펄이 광대하고 매우 평탄하다는 점에 주목했다. 새나 물고기처럼 높이나 깊이가 있어 3차원을 이동하는 무리와 달리, 2차원 평면을 이동하는 무리라면 여러 가지로 해석하기에 용이하지 않을까 생각했기 때문이다.

또한 무리가 형성되고 유지되다가 뿔뿔이 흩어지게 될 위기 상황이 닥치면 모래구멍으로 기어들어감으로써 단편화를 막는 남병정게 고유의 행동도 특이하고 흥미롭다고 생각했다(그림3-1). 그리고 무엇보다도 그 이리오모테섬이 배경이다. 푸른 정글을 바라보면서 바닷바람을 맞으며 게와 유희하는 연구는 오키나와를 좋아하는 나에게는 무엇보다도 매력적이었다.

그렇게 나는 당시 석사 1년생이었던 마쓰이 데쓰야松井哲也 군과 둘이서, 2008년 11월에 이리오모테섬으로 향했다.

첫 남병정게 체험

11월의 이리오모테섬은 동북쪽에서 불어오는 차가운 해풍이 매서워 몸이 떨릴 정도였다. 모리야마 씨에 따르면 이리오모테섬 북측의 우라우치浦內강 어귀의 개펄에 남병정게 무리가 대규모로 서식한다고 한다. 우리는 모리야마 씨의 안내를 받아 간조 때 그 개펄을 탐색했다.

개펄에 드러난 모래진흙 바닥은 의외로 딱딱하고 견고해서 사람이 걸어도 파이지 않았다. 개펄에는 남병정게와는 다른 종으로, 무리를 이루지 않는 엽낭게*Scopimera globosa*가 만든 모래 경단이 정연하게 늘어서 있었다. 엽낭게는 개펄이 되면 터널을 파고, 파낸 모래진흙을 경단으로 만들어 터널에서 꺼내 출구 주변에 늘어놓는다.

그 배열 패턴은 여러 가지로, 개체에 따라 나선형에 가까운 것이나 방사형에 가까운 것 등 다종다양하다. 마치 나스카의 지상화地上畵를 보는 듯 흥미로운 풍경이었다. 그러나 이러한 작품이 두세 시간 뒤에는 물에 씻겨 사라져버린다. 그 덧없는 풍경이 모래 경단 배열 패턴에 한층 흥미를 부여하는 듯했다. 고백하자면 처음 이리오모테섬의 개펄을 걷는 우리에게는 연구 대상이었던 남병정게보다 엽낭게의 행동이 더 흥미로웠다.

남병정게는 확실히 멀리서 보면 큰 무리를 형성하고 천천히 한 방향으로 이동한다. 그것은 하나의 전체를 이루는 듯하다. 그러나 조금이라도 접근해서 보면 일제히 모래진흙 속으로 기어들어가 모습을 감추어버린다.

움직임을 눈치채지 못하도록 천천히 접근하면 남병정게도 역시 천천히 개펄 표면을 한 방향으로 이동하지만, 주위의 개체가 모래 속으로 기어 들어가면 마치 그를 흉내내듯 일제히 들어가기 시작한다. 그 잠행 행동은 어떤 종류의 집단 심리가 야기하는 결과처럼 보이기도 한다. 어쨌든 첫 남병정게 체험 때는 안타깝게도 가까이서 차분히 관찰할 수 없었고, 그래서 다소 낙담했다.

남병정게의 학명은 *Mictyris guinotae*이지만, 오키나와산의 본래 종이 오키나와의 고유한 신종임이 밝혀진 것은 불과 2년쯤 전의 일이다. 우리가 처음 개펄을 방문했을 당시만 해도 남병정게는 대만에 있는 다른 종인 *Mictyris brevidactylus*병정게로 여겨지고 있었다. 아직 관찰 수법도 해석 방법도 없어 일단 게와 접하고 온 나와 마쓰이 군은 멀리 보이는 무리를 발견한 뒤, 달려가 바로 모래를 파서 남병정게를 포획했다. 이렇게 게를 모아 무리 형성 구조와 통하는 개체 간 상호작용이 발견될지 실험을 해보기로 했다.

조수간만으로 행동이 변하다

실험용 수조나 실험 장치를 만들기 위한 소재는 지참하고 있었다. 우리는 남병정게가 주위 다른 개체의 행동을 모방함으로써 거대한 무리로서 행동하는 것은 아닌가 생각해, 모방에 관한 실험을 시도하기로 했다.

즉 지상에 머물 것인가, 모래진흙 속에 숨을 것인가를 각자 독립적으로 판단하는 것이 아니라 오히려 서로 행동을 모방할 뿐으로, 대수

롭지 않은 오작동과 같은 행동이 신호가 되어 무리 전체가 연쇄적으로 일시에 움직이는 것은 아닌가 하고 예상한 것이다.

이러한 행동을 조사하기 위해 마쓰이 군과 나는 투명 플라스틱판을 사용해 수조를 두 칸으로 나눠 각 방에 남병정게를 한 개체씩 배치했다. 수조에는 두껍게 모래진흙을 깔아서 게가 그 속으로 기어들어갈 수 있게 했다. 한쪽의 게는 우리가 그 행동을 조사하는 대상(평가 개체)이고, 다른 쪽 게는 평가 개체가 그 행동을 모방하기 때문에 참조 개체로서 준비했다.

참조 개체가 있는 방은 모래진흙 표면에서 5밀리미터 바로 아래에 판이 설치되어 있어서, 게가 모래진흙 속으로 기어들어가려고 해도 들어갈 수 없다. 이러한 환경에서 평가 개체를 작은 통에 넣어 수조 안의 방에 두고 통에서 꺼내본다. 통상 남병정게는 갑자기 모래진흙이 있는 곳에 방출되면 바로 모래진흙 속으로 들어간다. 그러나 바로 가까이에 모래로 들어가지 않고 지표를 여유롭게 돌아다니는 다른 개체(참조 개체)가 있다면 이것을 모방해서 모래를 파고 들어가지 않는 것은 아닐까? 그러한 가설을 검증하는 실험이었다.

상당한 개체 수로 실험을 반복했다. 대조 실험으로서 참조 개체의 방에 잠행할 수 있는 조건을 주고 실험해보기도 했는데 처음에는 예상한 대로의 결과를 얻었다. 그러나 밤새 실험을 진행함에 따라 완전히 반대되는 결과도 얻었다.

이것을 며칠 동안 반복했지만 결국 남병정게는 간조 때와 만조 때의 행동이 다르고, 시간적으로도 공간적으로도 간조 때와 떨어진 곳에서 수행한 실험으로는 그들이 자연 상태에서 보여주는 행동을 추측하기 어렵다는 사실을 깨달았다. 간조 때여도 날씨에 따라 좌우되고 비가 올 때는 물론 맑을 때도, 바람이 강한 날은 지표면에 나타나지 않는다. 또한 야간에 간조일 때에는 움직임이 둔해서 접근해도 그다지 도망가지 않는다. 현지에서 몇 가지 기본적인 지식은 얻었지만 첫 남병정게 체험은 이렇게 씁쓸한 추억으로 끝났다.

단 민박에 걸려 있던 사진을 보고 대규모의 무리가 섬 북부 후나우라船浦의 개펄에 서식한다는 사실을 알게 된 것은 큰 수확이었다.

먹이채집상에서 방랑상으로

2009년 여름 비로소 우리(나와 고베대학, 하코다테函館미래대학 대학원생들)는 후나우라의 개펄에서 바글거리는 남병정게 무리를 눈앞에서 마주했다. 이리오모테섬은 중앙에 산지가 넓고 아열대 특유의 밀림이 방해가 되어 섬을 종횡으로 잇는 차도가 존재하지 않는다. 항을 껴안은 택지 밀집부는 섬의 북쪽과 남쪽에 위치했고, 해안에 늘어진 유일한 간선도로로 묶여 있다.

후나우라 항의 개펄을, 동서로 일직선으로 뻗은 이 다리 같은 간선도로가 관통하고 있었다. 직선로는 길이가 2킬로미터에 이르러, 후나우라의 개펄이 얼마나 광대한지 알 수 있었다. 직선상의 도로는 떠 있는 다리가 아니라 흙을 쌓아 구축된 건축물이지만 개펄로 흐르는 해수의 흐름을 완전히 차단하지는 않았고, 몇 군데쯤 해수가 흐르는 길이 되는 터널이 뚫려 있었다. 이 개펄에서 조금 떨어진 노상에 차를 멈추고 남병정게가 출현하기를 기다려보았다.

동틀 녘의 후나우라 항은 개펄보다 훨씬 전방에 있는 아열대숲이 사냥감에 덤벼들기 직전의 고양이 같은 긴장감을 띠었고 검푸른 하늘이 가장자리를 둘러싸 그날도 역시 더울 것임을 잘 느끼게 해주었다. 이른 아침에는 물총새의 친구인 호반새나 가요를 부르는 듯한 호도애의 지저귐이 밀림 깊은 곳에서 흘러나왔다.

우리는 가드레일이나 개펄로 내려가는 계단에 늘어서서 해수가 밀려 나가는 풍경을 바라보았다. 개펄은 간만의 차가 커서 조금 전까지 광대한 호수였던 후나우라 항 여기저기에서 급격한 흐름이 나타났고, 모습을 드러낸 모래진흙이 된 땅 사이에서 강의 흐름이 드러났다.

이즈음이 되면 해수가 남은 연못이나 강 주변에 남병정게가 나타난다. 수십에서 수백 단위의 무리가 여기저기에 형성되어 처음에는 잠잠히 먹이를 채집한다.(이 시기를 먹이채집상이라 한다.) 작은 집게를 손처럼 재주 좋게 사용해 진흙을 입으로 옮겨, 유기물을 걸러낸 뒤 뱉어낸다. 이 단계는 어느 쪽이냐 하면 가까이에 파고들어 있던 게가 지표에 나타난 채 무리를 형성할 뿐, 굳이 이동해서 무리를 형성하지는 않는다.

대충 먹이 채집 행동이 끝나면 소집단은 이동을 시작, 이른바 방랑상에 들어간다. 이렇게 소집단들이 집합과 이산을 반복하면서 큰 무리를 형성한다.

빨간불, 다 함께 건너면 무섭지 않다

흥미로운 것은 물에 대한 반응이다. 개펄 표면에 나타난 남병정게가 하나의 개체나 소집단으로 물에 들어가는 일은 없다. 오히려 물에 들어가기를 기피한다. 밀물이 점차 차올라서 이따금 섬 모양의 장소에 남겨지는 소집단은 물에 들어가기를 싫어해서 서로 밀어내며 패닉 상태를 보일 정도다.

물로 들어가기를 기피하는 것은 큰 집단이 되어도 기본적으로 다르지 않다. 방랑상의 큰 집단이 해수부에 접근하면 물가에서 멈춰 이번에는 물가를 따라 이동한다. 그러나 물가를 따라 이동하기를 반복하는 동안 집단 내에서 개체의 밀집된 부분이 형성되면 그 밀집부가

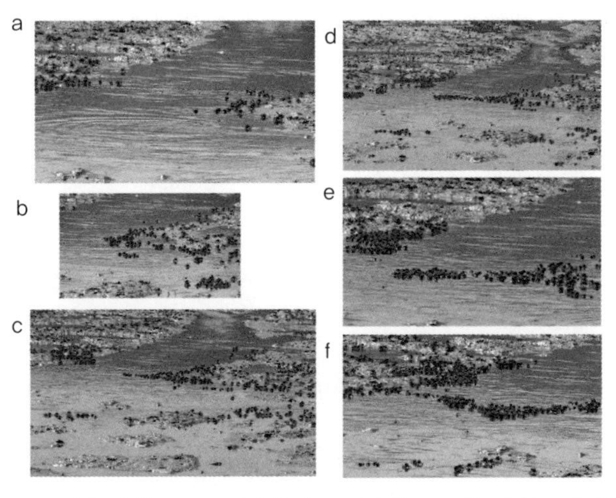

그림3-2 a: 오른쪽에서 왼쪽을 살피는 남병정게 무리. 아직 밀집도가 낮아 깊이 들어가지 않는다. b: 점차 개체 밀도가 높아져 물에 들어간다. c~e: 무리가 오른쪽에서 왼쪽으로 수로를 건너 이동한다. f: 수로를 완전히 건넜을 때.

물로 단번에 침입한다. 마치 "빨간불, 다 함께 건너면 무섭지 않다"고 외치는 듯한 상태다. 그림3-2에서 무리의 선단이 점차 물 안으로 들어가는 모습을 볼 수 있다.

당초 독립된 개체나 소집단이 바닷가에 산재한다는 것을 알 수 있었다. 물속의 개체도 적지 않게 확인된다. 이미 수로를 건너간 집단이 있는데, 집단 이동 중에 다른 개체를 따라가지 않고 처진 것이 물속에 놓인 개체들이다.

그런데 바닷가 오른쪽 방향에서 큰 집단이 다가오면 물가의 개체 수는 단번에 증가하고 그 밀도도 높아진다. 그러면 그 선단에서 복수의 개체가 서로 다투듯이 물에 들어가고 뒤이어 다가오는 개체도 망설이지 않고 물에 들어간다.

물가를 운동하는 대집단에서 무리 내부의 운동은 정향 배열을 취하지 않는다. 즉 각 개체는 무리 속에서 여러 방향을 취하고 무리 내부에서 개체의 운동은 뒤섞여, 교차하고 착종하면서 하나의 무리로서 운동 방향을 만들어내고 이동한다.

남병정게는 병정게라 불리는 만큼 정연하게 정렬해서 행진하는 이미지가 있지만, 오히려 내적 요동을 유지한 채 계속 이동한다.

지금까지의 모델에 재검토를 촉구하다

각 개체의 자유를 담보하면서 단일한 전체성을 유지한다는 이미지는 앞 장에서 기술한 보이드나 자기추진입자 모델에서 보면, 임계상태로서만 존재하는 상태다. 자기추진입자에서는 요동이 담보된 상태와 무리 형성은 양립할 수 없었다.

무리가 성립하지 않는 자유와 정연한 무리는 다른 상相이라는 점(상전이를 나타낸다)에, 자기추진입자 모델이 갖는 의의가 있었다.

그렇기 때문에 남병정게에서 발견된 개체의 자유와 하나의 전체성이 혼효하는 상태는 지금까지의 모델에 재검토를 촉구하는 현상이라 하지 않을 수 없다.

계층적 보이드 모델의 경우 반발과 접근은 동시에 적용되지 않았다. 그렇기 때문에 각 개체에서 다른 반발과 접근을 반복하는 무리는 하나의 전체를 유지하면서 내부에 개체의 자유(정렬하지 않는 자유)를 가질 수 있었다.

그러나 쿠진이 스웜이라 부른 이 무리—오합지졸 같은 무리—는 전체로서의 기능적 운동을 보이지 않는다. 그것은 한 군데에 머무를 뿐 무리 전체가 하나의 방향으로 계속 이동하지는 않는다. 그렇지만 남병정게에서 확인한 무리로서의 운동은 개체의 자유를 유지한 채 전체로서의 기능을 보여주었다.

대학원생인 니시야마 유타西山雄大 군은 산호초에서 구루쿤오키나와 방언으로 구루쿤グルクン, 일본어로는 다카사고高砂라고 한다. 농어목 어류로 학명은 *Pterocaesio digramma*의 치어 무리를 비디오로 촬영했다. 무리 전체는 거대한 산호의 표면을 천천히 핥듯이 이동한다. 흡사 평면적으로 전진하는 괄태충 같다.

이렇게 이동할 때, 무리 내부의 개체는 결코 정렬하지 않고 끊임없이 진행 방향을 바꿔 교차하며 내부에 난류 상태를 계속 만든다. 특히 무리 전체의 선단에 위치하는 개체는 끊임없이 서로 교대한다. 선단에 있는 개체가 리더여서 그것이 어떻게 이동하든 다른 개체가 이것을 좇아가는 것이 아니다.

선단에 선 개체에 어느 정도 주위가 뒤따라갔나 싶으면, 돌연 선단 개체와 다른 방향을 향하는 개체로 주위가 따르고 결과적으로 리더는 교체된다. 이러한 운동이 도처에서 일어나는데도 무리 전체를 하나의 덩어리로서 바라보면 조용히 산호 표면을 이동하는 모습이다.

나아가 스타플래그 계획처럼 찌르레기 무리를 좇아 해석하고 있는 도호쿠東北대학의 하야카와早川 씨에 따르면, 찌르레기도 실은 무리 내부에서 정렬하지 않고 격렬하게 교차한다. 개체의 자유를 유지하고 내부의 격한 난류를 보여주는, 바깥에서 눈을 가늘게 뜨고 바라본 전체는 하나의 생물처럼 전체로서의 기능을 갖고 운동한다.

이는 하나하나의 개체가 가진 차이를 담보한, 다양한 개체가 모인 집합으로서의 무리(사물)와 개체의 집합적 전체와는 다른 하나의 기능적 전체가 개설된 무리(것)가 보여주는 양의성, 혼효를 무리에서 발견해야만 함을 의미한다.

11장 타조 클럽 모델

능동·수동의 양자택일을 뛰어넘기

'사물'과 '것'의 혼효를 어떻게 모델화하면 좋을까. 우선 나는 어떻게 해서 '사물'과 '것'이 기존의 모델에서 양자택일의 문제가 되는지를 생각해보았다.

보이드에서 가장 기본이 되며, 자기추진입자 모델의 근간이었던 규칙은 속도 평균화 규칙이다. 그것이 의미하는 바는 각 개체에서 '사물'과 '것'이 완전히 통합된다는 것이다. 자유를 갖고 원리적으로 뿔뿔이 흩어진 행동을 하는 개체의 집단으로서 상정되는 '사물'은 개성을 압살하여 획일화된 것에서만 한 개의 전체(것)가 된다. 이 모델의 배경에는 무리를 형성하기 위해서는 개성을 억압할 수밖에 없다는 생각이 있다.

이리하여 '사물'이 억제되었을 때, '사물'로서의 성격, 개체의 자유를 다른 형태로 보완하여 표현하는 것이 요동이었다. 자기추진입자 모델에서 평균화 규칙과 요동의 결합은 통합에 의한 '사물'과 '것'이 갖는 양의성의 결여를 보충하는 새로운 양의성 보완 메커니즘이었다.

그러나 요동의 도입에 의한 새로운 양의성의 보완이 도를 넘으면 이번에는 양의성이 이원론적으로 전개되고 '사물'과 '것'은 양자택일해야 하는 사항이 되어버린다. '사물'과 '것'을 요동과 속도 평균화 규칙에 대응시키는 한 이들은 양립할 수 없는 물과 기름과 같은 관계가 되고 만다.

평균화 규칙으로서 준비되는 '것'—이것 자체가 '사물'(스스로)과 주위(것)가 통합한 결과였다—은 주위에 대한 동조 압력이자, 주위에 대한 수동적 규칙이다. 한편으로는 주위와 독립된 자유로운 행동, 능동적인 행동이야말로 요동에 의해 나타난다. 여기에는 극단적인 수동, 극단적인 능동이 있다고 말할 수 있다. '사물'과 '것'은 능동적·수동적인 존재 방식을 보이지만, 극단적인 수동·능동의 쌍은 서로 반발할 따름이어서, 양자를 택일의 문제로 빠트린다.

따라서 수동과 능동의 양의성을 이용해 양자가 공립하는 상호작용—이는 국소에서 발견되는 사회성이다—을 구상하기 위해서는 수동과 능동의 대립 축을 뒤흔들고, 양자의 혼효를 실현하기 위한 새로운 개념 장치가 필요하다. 그것이 '능동적 수동성' 및 '수동적 능동성'이다.

능동적 수동성이란 무엇인가. 이는 수동적인데 적극적임을 의미한다. 누군가가 어떤 행동을 하고, 자신은 그것에 따른다. 이러한 수동적 상태의 실현을 향해 능동적, 적극적 행동을 한다. 그것이 능동적 수동성이다.

가장 단적인 능동적 수동성은 '어서 오십시오いらっしゃいませ'일 것이다. 영어라면 '제가 도와드릴까요May I help you'를 들 수 있다. 자신이 먼저 능동적으로 무언가 하는 것이 아니라, 그저 시켜주기를 부탁한다. 여기에 있는 것이 능동적 수동성이다.

그렇다면 수동적 능동성이란 무엇인가. 이에 대해서는 타조 클럽의 콩트가 큰 힌트가 되었다.

수동적 능동자, 열탕에 들어가다

타조 클럽은 리더인 히고 가쓰히로肥後克廣, 데라카도 지몬寺門ジモン, 우에시마 류헤이上島龍兵 세 명으로 이루어진 콩트 집단이다. 이들의 콩트 중 하나인 목욕탕의 열탕 콩트는 다음과 같이 전개된다. 세 사람 앞에 열기를 내뿜는 열탕이 준비되어 있고 누군가가 그 속에 들어가야 한다. 물론 세 명 모두 들어가기 싫어하지만 누군가는 들어가야만 한다.

이 상황에서 우선은 리더가 용기를 내서 '내가 할게' 하는 기세로 손을 든다. 그러면 지몬이 리더가 할 정도라면 자신도 한다는 느낌으로 손을 든다. 두 사람은 손을 든 채로 말없이 류헤이를 바라본다. 혼자 남은 류헤이도 이렇게 되니 손을 들지 않을 수 없다. 이리하여 류헤이는 떨떠름하게 손을 든다. 즉 들도록 강요받는다.

그 순간 리더와 지몬은 동시에 손을 내리고 류헤이를 향해 "그럼 하시죠どうぞ, どうぞ" 하고 말한다. 이리하여 류헤이는 능동적으로 지원

한 자로서 열탕에 들어가게 된다. 류헤이는 능동적인 것이 수동적으로 실현되는, 수동적 능동자다.

'어서 오십시오'에서 발견되는 능동적 수동성의 의미를 재고해보자. 능동적 수동성이란 다른 사람의 행동을 능동적으로 재촉해 결과적으로 스스로를 수동자로 만드는 의도라 생각할 수 있다. 이것은 타조 클럽의 콩트에 이미 존재한다고 말할 수 있다. 즉 리더와 지몬의 역할이다.

그들은 애초에 류헤이를 속여 넘기려고 손을 들어 류헤이의 자발적 행동을 재촉함으로써 류헤이의 거수에 따르기를, 곧 자신들은 손을 내리기를 의도했기 때문이다. 리더와 지몬은 능동적인 수동자다.

즉 타조 클럽 내에 능동적 수동성과 수동적 능동성이 잇달아 일어나는 상태를 발견할 수 있다. 능동적 수동자인 리더와 지몬은 수동적 능동자인 류헤이를 능동적으로 유도하고, 류헤이를 수동적으로 만드는 능동적 행동의 결과, 스스로를 수동자로서 실현한다.

수동적 능동과 능동적 수동은 단적인 수동, 단적인 능동과 같은 대립 축을 갖지 않는다. 양자는 오히려 능동·수동의 미분화성을 띠고 모든 이가 능동적 수동자이자, 수동적 능동자가 된다. 하나하나의 국면에서 미분화적 능동·수동성은 구체적인 능동적 수동자, 구체적인 수동적 능동자로서 나타난다. 즉 어떤 경우에는 리더나 지몬이 되고, 다른 경우에는 류헤이가 된다. 이 계기繼起, 잇따라 일어남와 변화를 통해 수동, 능동의 연쇄는 계승된다.

열탕 입욕 콩트를 모델화하다

능동적 수동성을 담지하는 개체는 주위 개체의 운동을 유도함으로써 스스로가 촉발되어 (수동적으로) 운동한다. 수동적 능동성을 담지하는 개체는 유도됨으로써 주위의 다른 개체에 앞서 운동한다.

여기서 사태가 동시에 일어나지 않는 시간의 비동기성을 명백하게 확인할 수 있다. 즉 수동적 능동자가 앞서 운동하고, 계기를 만든 능동적 수동자는 이에 촉발되어 뒤를 좇는다. 그러나 수동적 능동자는 그저 제멋대로 움직이는 것이 아니라, 능동적 수동자에 이끌려 움직이기 시작한다.

타조 클럽의 콩트를 상기해보자. 리더가 손을 들고, 지몬이 손을 든다. 모두 손을 들고 있기 때문에, 즉 주위 사람이 생각하리라 여겨지는 경향에 기대어 류헤이는 손을 들었다. 그 유도 때문에 리더와 지몬은 아직 들어가지 않은 열탕에, 미래에 들어갈 것이라고 류헤이에게 표명한 것이다.

수동적 능동과 능동적 수동을 직접적으로 도입한 모델은 다음과 같이 구축할 수 있다(그림3-3). 우선 각 개체는 가능적 천이(이동이 가능한 위치)를 복수로 가지고, 그것들이 중복되었을 때만 서로 지각할 수 있다. 그림3-3에서 가능적 천이는 화살표로 그려져 있다. 여기서 개체 X와 Z는 각각 두 개의 가능적 천이를 갖는다.

가능적 천이가 지시하는 장소가 중복되어 있을 때, 그것은 복수의 개체가 그 장소로 가고 싶어한다는 것을 나타낸다. 각 개체가 단 하나의 가능적 천이를 가지는 경우에도 개체 간에 그 목적지가 중복될 수는 있다. 그러나 그것은 극히 드문 현상이고, 그럴 때 각 개체는 주위 모두의 경향을 추측할 수 없게 된다. 가능적 천이의 수가 많을수록 중복되기 쉽고, 무리의 구성원은 집단의 경향성을 지각할 수 있다.

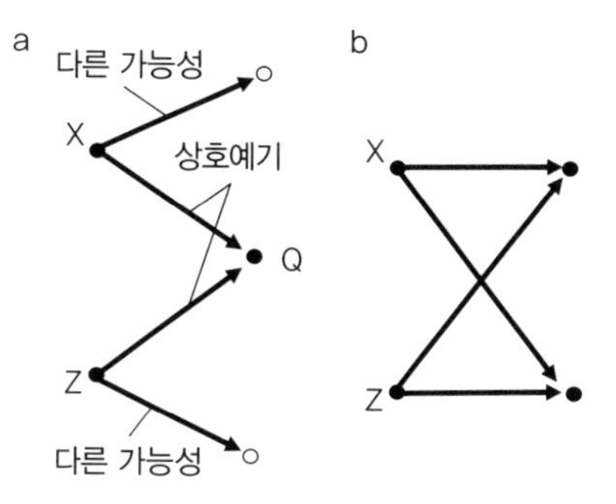

그림3-3 a: 수동적 능동과 능동적 수동의 연쇄를 실현하는 상호예기 모델. 각각의 천이 가능성이 2인 경우. b: 두 개체 X와 Z의 천이 가능성이 결합되어 있는 경우. 양자는 함께 '모두가 움직이고 싶은 장소'로 이동할 수 있다.

그림 3-3 a의 상황에서 개체 X와 Z는 함께 장소 Q라는 가능적 천이의 목적지를 갖는다. 즉 X와 Z는 서로 상대를 Q로 이끄는 리더와 지몬이다.

상대가 이끄는 데 편승해 개체 X가 인기 있는 장소 Q로 이동했다고 하자.(모델에서는 인기가 있는 장소로 이동하는 개체는 무작위로 선택된다.) 이 순간에 편승해서 이동한 개체 X는 수동적으로 능동자가 된다. 즉 류헤이의 역할을 담당한다.

개체 X가 이동한 장소는 이제 막혀버리고 다른 개체는 동시에 그 장소를 점거할 수 없다. 그러므로 개체 Z는 스스로가 가지던 다른 가능적 천이를 따라 다른 위치로 이동한다. 이리하여 개체 Z는 개체 X가 실현한 행동—인기 높은 장소로 이동하기—에 의해 재촉되어, 수동적으로 이것을 피한 셈이 된다. 개체 Z는 스스로가 수동적 행동을 실현하기 위해, 능동적으로 개체 X를 이끌었다. 즉 리더나 지몬의 역할을 담지한다.

이 모델의 기본적 메커니즘은 상호예기에 있다고 말할 수 있다.(앞부에서도 기술했지만, 미래의 엄밀한 위치를 결정하는 것을 '예측'이라 부르고, 모호하고 폭이 있는 분포로서의 결정을 '예기'라 부르자.) 서로 상대의 움직임을 사전에 예기하고 주위 소집단의 운동 경향을 파악해, 서로 양보하여 충돌하지 않도록 다른 장소를 선택해 이동한다.

모든 개체가 리더이자 지몬이며, 류헤이다. 가능적 천이의 국소적 분포와 우연에 따라 그때마다 리더나 지몬이 될 것인지, 류헤이가 될 것인지가 결정된다. 조금 전까지 리더나 지몬이었던 개체가 이번에는 류헤이가 된다.

중요한 점은 다음의 세 가지다. 첫 번째로 상호예기로서 인기 있는 장소를 만들어내고, 또한 인기가 있는 장소에서 중복되는 것을 피하기 위해서는 가능적 천이의 수가 가능한 한 많은 쪽이 좋다. 두 번째로 가능적 천이는 각각 엄밀히 예측하는 것이 아니라 모호하게 예기된다고 여길 수 있다. 예측이 아닌 예기는 이동하려고 하는 장소(가능적 천이)가 복수로 겹쳐야 비로소 인기 있는 장소로서 확정되기 때문이다. 겹치지 않는 개체의 가능적 천이는 알 수 없다. 중복의 정도를 좀더 크게—예컨대 다섯 개 이상의 가능적 천이가 겹치지 않으면 중복된 장소가 발견되지 않는다—만들면, 예측이 아닌 예기의 정도를 더 강화할 수 있다. 세 번째로 수동적 능동, 능동적 수동의 연쇄를 실현하는 것은 사태가 동시에 일어나지 않는 시간의 비동기성이다. 가능적 천이가 중복된 장소로 모두가 동시에 몰려들면, 충돌해버린다. 서로 밀집하면서도 충돌을 피해 전진하기 위해서는 시간이 비동기적으로 진행되는 방식이 필수다.

무리 밀집도의 시간 변화

좀더 구체적인 모델을 다음과 같이 정의하고, 그 동향을 조사하기로 하자. 우선 각 개체가 기본 속도를 갖는다고 하자. 그것은 길이가 같은 화살표로 주어진다. 그 방향은 무작위로 결정된다. 이 기본 속도를 중심으로 양측에 결정된 개수의 가능적 천이가 분포한다.

가능적 천이도 화살표인데, 화살표의 꼬리 쪽은 기본 속도와 일치하고 길이는 기본 속도를 최대로 해서 무작위로 결정된다. 기본 속도가 이루는 각도에도 최대각이 주어지는데, 0에서 최대각 사이에서 무작위로 주어진다. 최대각이 90도라면 반원 모양으로 가능적 천이가 분포하는 셈이고, 180도라면 원 모양으로 분포하는 셈이다.

즉 주어지는 파라미터는 가능적 천이의 수와 가능적 천이가 분포하는 최대각뿐이다. 몇 개의 가능적 천이가 중복됨으로써 서로 지각이 가능해지는 중복 수는 편의를 위해 2로 고정하기로 하자. 또 공간은 바둑판의 눈처럼 격자공간으로 하고, 격자가 교차하는 곳, 즉 격자점에 개체를 위치시킨다.

각 개체는 이동하려고 하는 장소가 겹치지 않는 한 가능적 천이에서 무작위로 하나 고르고, 그것에 따라 위치를 이동한다. 즉 화살표의 꼬리 쪽에서 선단으로 이동한다. 그러므로 가능적 천이의 수가 많을 때, 다른 개체에서 떨어져 이동하는 독립 개체는 무작위로 운

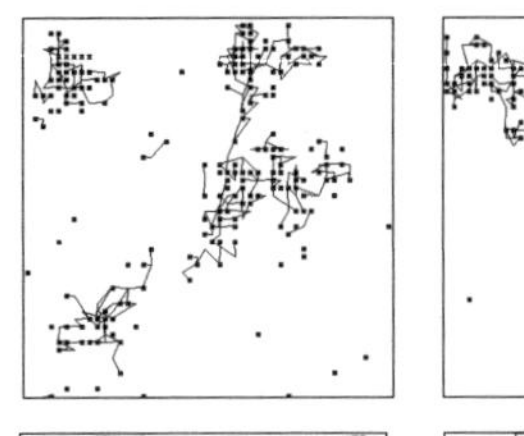
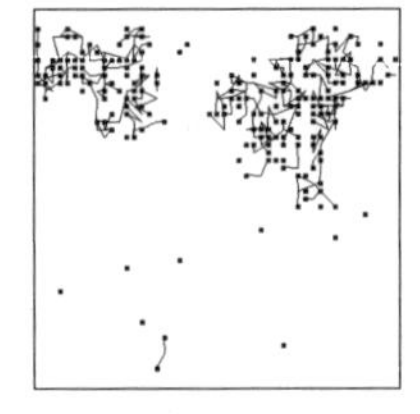
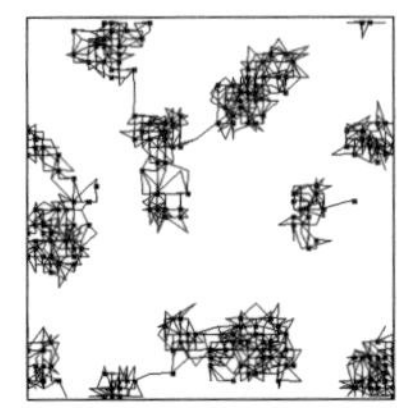
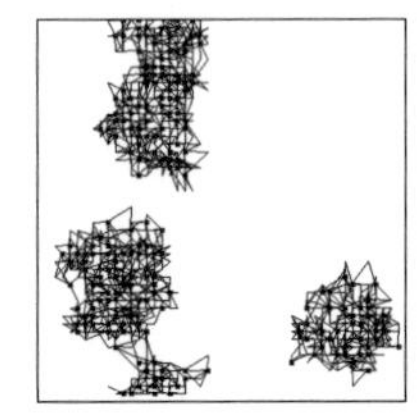

그림3-4 가능적 천이가 중복됨으로써 형성되는 상호예기 네트워크의 시간 발전. 시간은 왼쪽 위에서 오른쪽 위, 다시 왼쪽 아래에서 오른쪽 아래로 진행한다.

동한다. 다른 한편, 중복된 경우는 무작위로 하나의 개체가 선택되어 그 장소로 이동한다. 그 이외의 개체는 자신이 갖는 남은 가능적 천이에서 무작위로 하나를 선택해 그리로 이동한다.

그림3-4는 가능적 천이가 중복됨으로써 형성되는 상호예기 네트워크의 시간 발전을 나타낸다. 하나하나의 패널은 특정한 순간을 나타내고, 200개의 개체가 평면에 분포된다. 각 개체는 검은 사각형으로 그렸고, 각각은 열다섯 가지 가능적 천이를 갖는다.

운동은 전술한 정의에 따르지만 각 패널의 평면은 위와 아래, 왼쪽과 오른쪽이 연결되어 있고(이것을 주기 경계 조건이라 한다) 아래로 사라진 개체는 위에서 나타난다. 즉 평면은 도넛의 표면과 같은 형상(원환면torus)을 취한다. 또한 가능적 천이의 종점이 서로 중복되는 경우 가능적 천이를 검은 선으로 그린다. 역으로 중복이 없는 한 각 개체가 갖는 가능적 천이는 나타나지 않는다.

처음에 개체는 이 평면에 무작위로 분포되어 있다. 개체는 주기 경계 조건 덕분에 접근하여 소집단을 형성한다. 접근한 개체 간에만 상호예기를 간파할 수 있다. 소집단이 집합과 이산을 반복하면서도 큰 집단을 형성하게 되면, 상호예기 네트워크는 조밀해지고 복잡하게 모여들어 흩어지기 힘들어진다. 이는 상호예기가 잇달아 이어져, 형성된 무리가 붕괴되기 어려워졌음을 의미한다.

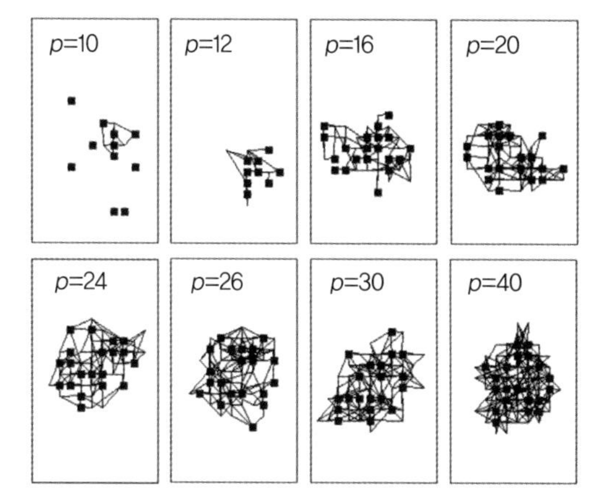

그림3-5 가능적 천이 수에 의존한 상호예기 네트워크.

상호예기 네트워크의 밀집도는 **그림3-5**에서 보듯이, 가능적 천이의 수에 의존한다. 여기에 있는 패널은 모두 무작위한 초기 상태에서 충분히 시간이 경과한 뒤(같은 시각)에 발견된, 최대 무리 패턴을 나타낸다.

각 패널에서 발견된 수가 가능적 천이의 수다. 가능적 천이의 수가 적을 때 상호예기는 기능하지 않고, 또한 기능한다 해도 상호예기 네트워크가 곧 끊어져버린다. 그러므로 밀집한 큰 무리는 결코 성장할 수 없다. 가능적 천이 수가 클 때 상호예기 네트워크는 충분히 조밀하게 모여들어 개체 간 거리가 가깝고 조밀한 무리가 됨을 알 수 있다.

무리 전체에 '사물'과 '것'의 성격이 공존한다

이 모델에서는 앞 장에서 설명한 속도 평균화와 같은 동조 수단을 전혀 도입하지 않았다. 그래도 형성되는 무리는 한 방향으로 계속 이동할 수 있다. 각 개체는 가능적 천이가 중복되는 장소를 목표로 삼아 이동하기 때문에 그 평균으로 무리 전체의 이동 방향이 결정된다.

그림3-6에 형성된 무리가 어떻게 운동하는지, 시뮬레이션 결과의 일례를 제시했다. 여기서 각 개체의 기본 속도는 시각 단계마다 무작위로 주어진다. 초기 상태로서 공간 전체에 무작위로 배치되어 있던 개체는 100단계 정도가 되면 두 무리를 형성했지만 각각의 무리가 무리 전체로서 불규칙하게 운동하지는 않았고, 무리의 진행 방향을 장시간 유지했다.

무리가 형성되고 한 방향으로 이동하지만, 무리 내부의 기본 속도는 불균질하며 정향 배열을 취하지 않는다는 점에 주의하자. 특히 왼쪽 아래 패널에서 오른쪽 아래 패널에 걸친 무리의 운동을 보면 역방향에서 진행해온 두 무리가 충돌하고 그 뒤 각각이 직각을 이루는 방향으로 떨어져 나갔다. 이때도 역시 무리 내부의 기본 속도는 동조하지 않고, 무리 내부에서 복잡한 운동을 하며 무리로서 한 방향으로 이동해가는 모습을 확인할 수 있다.

앞 부에서 기술했듯이 기존의 보이드형 모델에서 무리 형성은 어디까지나 속도 동조에 의해 실현되었다. 정향 배열에 의해서만 무리는 한 방향으로 이동할 수 있었다. 계층형 보이드에서는 속도 동조가 존재하지 않는 무리를 형성할 수 있었지만 그 경우는 국소적인 집합과 이산이 반복되어 무리가 형성되기 때문에 거의 같은 장소에 계속 머무르는(모기떼처럼) 동향이 확인될 뿐이었다.

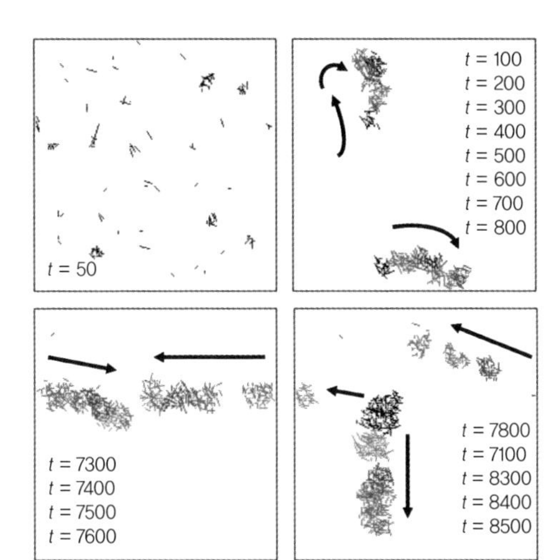

그림3-6 형성된 무리의 시간 발전. 왼쪽 위 패널은 50단계째의 시각에서 개체가 분포된 모습이다. 오른쪽 위, 왼쪽 아래, 오른쪽 아래 패널에서는 복수의 시각에서 무리가 보이는 움직임을 겹쳐 그렸다. 화살표는 덩어리가 된 무리의 진행 방향이다. 무리 속에서 정향 배열이 실현되지 않는다는 점에 주목하자. 동영상: http://youtu.be/jwVNsC60lXw 및 http://youtu.be/XukxnoD9Ee4.

상호예기에 의해 형성되는 무리는 개체의 다양성을 유지하고 무리 내부에서 각 개체의 자유로운 운동을 공존시킨 채 하나의 덩어리로서 이동할 수 있다. 게다가 상호예기 네트워크는 복잡하고 단절되기 어려운 패턴이 되어 견고한 무리를 형성한다.

이렇게 얻은 상호예기 모델에서는 바로 자유로운 개체의 총합이라는 '사물'의 성격과 하나의 덩어리로서 진행 방향을 유지한다는 '것'의 성격이 공존한다. 이 무리 전체에서 '사물'과 '것'의 공존은 국소에서 '사물'과 '것'이 보이는 미분화성에서 기인한다고 말할 수 있다.

속도 동조와 같이 '사물'과 '것'을 완전히 통합하는 것이 아니라, '것'을 예기하는 '사물'과 '사물'로부터 실현되는 '것'이라는 양의성이 비동기 시간을 통해 도입되는 것이다. '사물'과 '것'은 비스듬히 교차해서 진행하는, 복잡하게 접힌 동시간면을 통해 연쇄한다. 이것을 동기적 시간하에서 바라보는 한 모든 국소, 모든 시간에서 우리는 '사물'과 '것'의 미분화적 양상을 본다.

12장 '사물'과 '것'을 공존시키는 상호예기

자신의 영역(근방)은 '사물'이자 '것'이다

상호예기 모델은 주위와 독립적으로 보이는 개체의 운동을 내재하면서, 무리 전체로서 일관된 움직임을 실현한다. 단 전술한 상호예기만으로는 먼 곳에서 접근해오는 개체의 움직임이나 장소에서 확인되는 높은 정향성을 설명할 수 없다. 그래서 나와 대학원생인 무라카미 히사시村上久 군은 상호예기 모델에 이 요소들을 구현하여 좀더 현실적인 모델을 구축했다(그림3-7).

각 개체가 기본 속도를 갖고 그것을 중심으로 한 변이각(α) 내에서 P개의 가능적 천이를 가지며, 이것을 사용해 상호예기를 실현한다는 점은 전술한 모델과 같다.

첫 번째 추가점은 상호예기에 앞서서 기본 속도를 주위의 다른 개체와 동조시킨다는 것이다. 두 번째 추가점은 다른 개체를 추적하는 것이다. 자신의 영역 내(근방)에서 다른 개체가 이동하던 장소가 있다면 그 장소로 이동한다. 정확히 말하면 상호예기를 실현할 수 없고 기본 속도의 크기를 반경으로 하는 근방 내로 바로 이동해간 다른 개체가 존재하는 경우에는 그 빈 장소로 이동한다. 이것이 추적이다.

추적은 개체 간 상호작용이 비동기로 진행하기(흩어져서 동시에 일어나지 않기) 때문에 가능하다. 어떤 개체의 영역 내에 다른 개체가 존재해도, 가능적 천이의 목적지가 전혀 중복되지 않고 상호예기가 없는 경우도 있을 것이다.

이때 근방 내의 다른 개체가 상호예기를 실현하고, 앞으로 이동했다고 하자. 그 결과 근방 내의 다른 개체가 있던 장소는 비게 된다. 근방 중심에 있던 개체가 이것을 메우려고 이동함으로써 결과적으로 추적한다.

전술했듯이 상호예기 자체가 '사물'과 '것'의 미분화성을 체현하지만, 여기에는 다시 어떤 개체에게서 자신의 영역(근방)이 '사물'로서, '것'으로서 양의적으로 사용된다. 추적을 할 때 근방 내의 다른 개체는 하나의 개체로서 확정되어 다뤄진다. 그것은 '사물'이고 근방은 그러한 '사물'의 총합으로서 다뤄진다.

한편으로 상호예기가 잘될 경우 다른 개체는 가능적 천이 전체, 곧 구름과 같은 것으로서 다뤄진다. 그것은 이른바 가능적 천이에 의해 확장된 신체다. 그리고 상호예기는 이 확장된 신체의 교착을 통해서만 다른 개체를 지각한다. 교착하지 않는 한 다른 개체는 전혀 지각 대상이 되지 않는다.

그러므로 가능적 천이 전체로서 다른 개체를 다루는 근방은 어떤

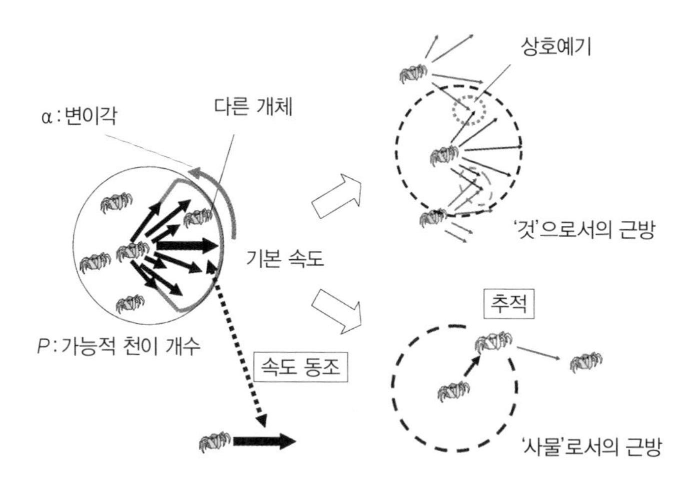

그림3-7 상호예기에 '속도 동조'와 '추적'을 더한 모델. 상호예기 자체가 '사물'과 '것'의 미분화성을 체현하지만 상호예기에 사용되는 근방, 추적에 사용되는 근방에서 것·사물의 양의성이 재차 발견된다.

전체이고, 사건의 개설을 촉발하는 장이다. 즉 그것은 '것'으로서 다뤄지는 근방이다.

가능적 천이가 증가하면 무리가 생긴다

기본 속도의 동조와 추적을 포함하는 상호예기 모델의 기본적 동향에 관해 기술해두자. 속도 동조가 도입된 덕분에 이 모델은 가능적 천이 수가 1일 때 보이드와 일치한다는 것을 알 수 있다.(공간은 격자공간이지만 보이드의 격자공간판 모델도 존재한다.) 속도 평균화가 있고 추적에 의한 유인 규칙이 있으며, 각 격자점에서 하나를 초과하는 개체는 존재할 수 없어서 충돌 회피 규칙이 구현되기 때문이다.

거기에 외적 요동이 전혀 주어지지 않는 경우 가장 기본적인 파라미터, 가능적 천이의 분포를 정하는 변이각(α)과 가능적 천이 수(P)에 의존해서 원래 모델이 어떻게 행동을 바꾸는가를 관찰해보자.

그림3-8에서 각각의 패널은 50개의 개체를 무작위로 배치하고 상호예기 모델을 구동하여 충분히 시간이 경과한 뒤에 얻은 스냅사진이다. 개체를 나타내는 검은 사각형에서 늘어진 꼬리는 개체가 직전까지 그렸던 궤도를 의미한다.

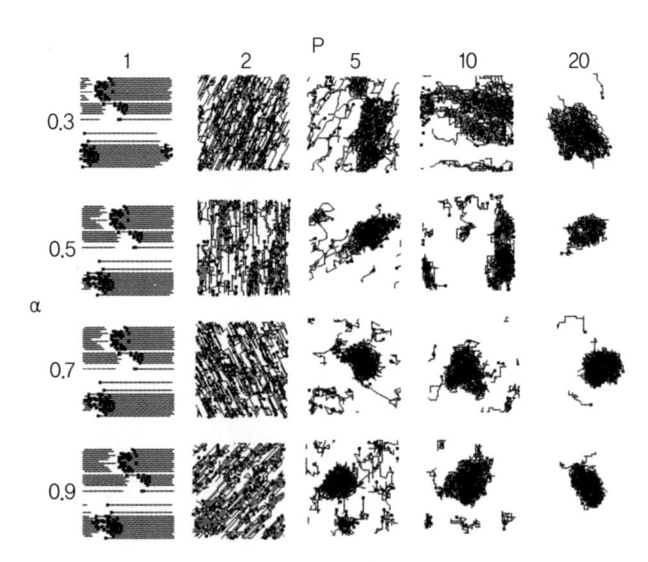

그림3-8 상호예기 모델(기본 속도의 동조와 추적을 포함)의 동향을 가능적 천이의 분포를 정하는 변이각(α)과 가능적 천이의 개수(P)에 따라 바라본 것. 각 개체의 현재 위치를 검은 사각형으로 나타내고, 그보다 앞선 10단계만큼의 궤적을 동반해 그렸다. 여러 P에 관한 동영상은 다음 주소에서 볼 수 있다. 3-8-1 http://youtu.be/BMdGSenFdYM, 3-8-2 http://youtu.be/K9Z4kVsvO4k, 3-8-4 http://youtu.be/5f7MJORZEPQ, 3-8-10 http://youtu.be/CcBQ3zzJCLc, 3-8-15 http://youtu.be/oUodTg7ZqFk, 3-8-25 http://youtu.be/mU6S0I9flRg.

가능적 천이 수(P)가 1일 때, 속도 동조 덕분에 집단은 완전히 정향 배열을 취하고, 그 때문에 무리가 된다. 이 움직임은 변이각(α)의 크기에 의존하지 않는다는 것도 알 수 있다.

가능적 천이 수가 2일 때 역시 변이각에 의존하지 않는 움직임을 발견할 수 있다. 우선 이동하는 방향에 관한 정향성은 꽤 크다. 그리고 단 두 개의 가능적 천이가 중복되기는 어렵고, 상호예기 네트워크가 형성되어 조밀한 무리가 유지되는 일은 없다. 여기서 가능적 천이의 복수성은 단순히 정향 배열을 무너뜨리는 역할만을 갖는다.

가능적 천이의 수가 2보다 커지면 가능적 천이의 중복이 가능해지고, 개체가 밀집하는 무리가 형성된다. 이때 변이각의 영향이 커진다. 변이각이 작을 때 각 개체에서 가능적 천이는 대략 앞쪽만을 향하기 때문에, 가능적 천이의 수가 20개 정도 되지 않으면 조밀한 무리는 형성되지 않는다. 그러나 변이각이 충분히 클 때는 가능적 천이 수가 다섯 개 정도라도 충분히 조밀하고 큰 무리를 형성할 수 있다.

변이각의 차이로 무리의 성질이 변하다

일견 같은 듯한 무리라도 변이각이 다르면 무리의 속도나 동향은 달라진다. 그림3-9는 역시 50개의 개체로 형성된 상호예기 모델 무리를 나타낸다. 두 패널은 같은 초기치에서 출발해서 각 개체가 똑같이 저마다 20개의 가능적 천이를 갖는다. 다른 것은 변이각뿐이다.

변이각이 작을 때(그림3-9 왼쪽) 가능적 천이는 개체의 대략 앞쪽 —기본 속도 방향—을 향해 중복된다. 이리하여 상호예기로 얻는

α=0.3

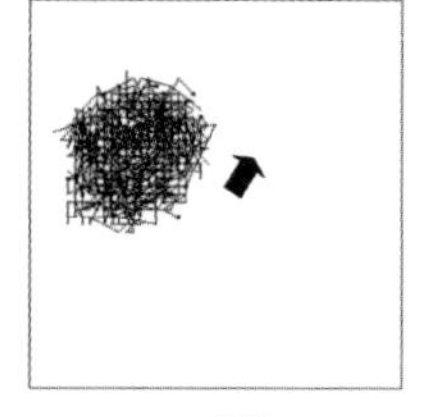

α=0.9

그림3-9 가능적 천이 수가 같고(P=20) 변이각의 크기가 다른(왼쪽은 α=0.3, 오른쪽은 α=0.9) 경우 무리에 나타나는 차이. 변이각이 작을 때 무리의 전면부에 추진력이 되는 개체가 모이고, 무리 전체의 속도가 빠르다. 굵은 화살표의 길이는 무리의 진행 속도를 나타낸다.

가능적 천이의 중복점이 개체를 끌어당기고 무리를 형성하고 유지해서 재빠르게 이동시킨다. 이 모습은 그림3-9 왼쪽에서 무리 진행 방향의 전면에 개체가 늘어서 있는 것을 보면 이해할 수 있다. 무리 전면에서 무리의 구동력이 되는 개체는 끊임없이 교대되면서 무리를 한 방향으로 계속 구동한다.

그림3-9 오른쪽에는 다른 조건은 같고, 변이각만이 충분히 큰 경우에 형성되는 무리를 나타냈다. 충분히 큰 변이각 때문에 가능적 천이는 대략 모든 방향에 걸쳐 분포한다. 이 무리는 그림3-9 왼쪽 무리에 비해 꽤 느린 속도로 오른쪽 위 방향으로 이동한다.

변이각이 크기 때문에 가능적 천이의 중복이 대략 개체의 앞쪽에서 실현된다고는 잘라 말할 수 없지만, 속도 동조가 있기 때문에 가능적 천이의 중복은 상대적으로 앞쪽에서 일어나기 쉽다. 중복의 수가 작기 때문에 무리 전체의 이동 속도가 낮고, 방향 전환도 일어나기 쉽다.

'개체의 요동'에서 '무리의 전체성'으로

가능적 천이는 내적 요동임과 동시에 무리에 방향성을 갖게 하는 구동력을 부여한다. 이제 상호예기 모델에서 보이드오토마톤이 무엇인지를 정의하고 상호예기 모델과 비교해보자(그림3-10).

전술했듯이 상호예기 모델은 보이드가 갖는 세 개의 규칙인 '무리 유인' '속도 평균화' '충돌 회피'를 포함한다. 그래서 가능적 천이를 기본 속도 단 하나만으로 하고 외부에서 요동(외적 섭동)을 부여해주면, 격자공간에서 운동하는 보이드오토마톤이 정의된다.

외적 섭동은 기본 속도를 각도로 해서 좌우로 최대 80도까지 흔들리게 하는 각도에 관한 요동으로, 최대치 80도를 1로 규격화한다. 섭동이라 하면 굉장히 어려운 것 같지만 말하자면 '움직임을 흩뜨린다'는 의미다. 즉 외부에서 가하는, 움직임을 교란시키는 요동으로서 좌우로 최대 80도까지 흔들리게 하는 것이다.

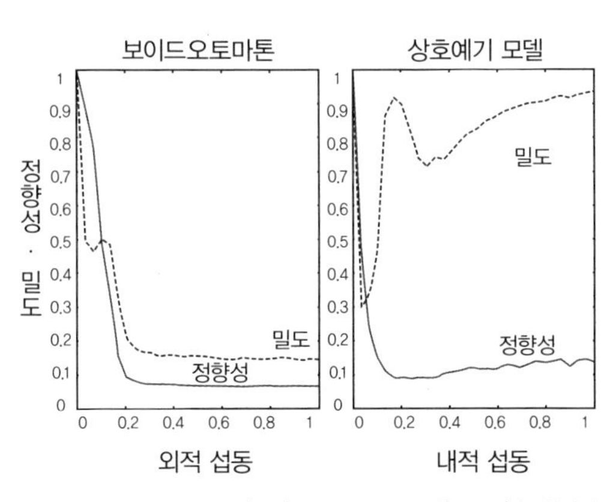

그림3-10 보이드오토마톤(왼쪽)과 상호예기 모델(오른쪽)을 형성되는 무리의 정향성과 밀도에 관해 비교한 것. 보이드오토마톤에서 외적 섭동은 개체가 갖는 속도를 뒤흔드는 효과. 상호예기 모델에서 내적 섭동은 가능적 천이 수에서 1을 뺀 수를 최대 가능적 천이 수에서 1을 뺀 수로 나눈 값.

그림3-10 왼쪽에서는 6장에서 설명한 정향성을 더해 무리의 밀도

를 계측했다. 밀도는 공간 전체를 격자로 나누고 각 격자에 들어가는 개체 수의 최대값을 취한 것이다. 단 섭동이 없을 때의 최대 밀도로 규격화했다.(마찬가지로 정향성도 규격화했다.)

외적 섭동을 키우면, 보이드오토마톤에서는 정향성과 밀도가 함께 극적으로 감소한다. 이것은 바로 정향성이 밀집된 무리를 형성하는 원동력으로, 개체가 여러 방향을 향하면 무리는 무너진다는 것을 의미한다. '사물'(개체의 자유)과 '것'(전체성)은 결코 공존하지 않는다.

상호예기 모델을 무리의 밀도와 정향성에 관해 평가한 것이 그림 3-10 오른쪽 그래프다. 여기서 가로축의 내적 섭동이란 '개체로서의 요동'이라는 의미다. 수치로서는 가능적 천이 수에서 1을 뺀 수를 여기서 계산한 가능적 천이 수의 최대값 21에서 1을 뺀 값으로 나눈 값이다.

그러므로 이동 가능한 장소가 하나뿐, 즉 가능적 천이 수가 1일 때 그저 기본 속도가 되어 개체로서의 요동(내적 섭동)은 0이 되고, 가능적 천이 수가 21일 때 1이 된다.

이 모델에서 개체 수 1의 경우(즉 공간에 한 개체가 고립되어 존재하는 경우), 이동하는 곳이 겹치는 일은 결코 없다. 개체는 매 순간 가능적 천이 내에서 하나를 무작위로 골라 그 방향으로 이동한다. 그러므로 단독으로 운동하는 개체는 갖고 있는 가능적 천이 수가 클수록 불규칙하고 무작위한 운동을 한다. 이런 한에서 가능적 천이는 요동에 다름 아니다. 그러므로 규격화된 가능적 천이 수를 개체로서의 요동, 즉 내적 섭동이라 부르는 것은 타당하다.

내적 섭동이 0일 때 개체는 기본 속도에만 따르고, 외적 섭동은 없다. 즉 이 상황은 그림3-10 왼쪽의 외적 섭동이 없는 보이드오토마톤과 같은 상황이다. 따라서 이 경우 무리의 밀도와 정향성은 모두 높다.

여기에 내적 섭동(개체의 요동)을 조금만 더하면, 가능적 천이 수를 2로 한 조건이 된다. 이 경우 이동할 곳이 중복되고 상호예기가 그 위력을 발휘하는 일은 거의 없다.

가능적 천이가 복수로 존재하면 단지 운동을 흩뜨릴 뿐이다. 따라서 무리의 밀도와 정향성도 감소한다. 그러나 여기서 다시 내적 섭동이 증대할 때, 즉 가능적 천이 수가 증대할 때 무리의 밀도는 급격히 커진다. 가능적 천이가 복수 존재함으로써 이동할 곳의 중복에 기여하고 상호예기 네트워크가 형성되기 때문이다. 그러나 정향성은 작은 채로 유지된다.

물론 여기서 계산하고 있는 상호예기 모델에는 속도 동조도 도입되었으므로 기본 속도 자체는 같은 방향을 향한다. 그러나 개체의 운동은 상호예기에 따르기 때문에 기본 속도의 방향은 거의 반영되지 않는다. 정향성은 실현된 이동 방향에 관해 계산되기 때문에 낮다.

보이드오토마톤과 비교하면 상호예기 모델의 의미는 뚜렷해진다. 상호예기 모델은 개체의 독립성, 개체의 자유(사물)와 무리가 갖는 하나의 전체성(것)이라는 성격을 공존시킨다.

모기떼같이 그곳에 머무르기만 하지 않고 농어의 치어 무리같이 무리를 리드하는 앞 경계부의 개체를 끊임없이 교대하면서 한 방향으로 진행하는 운동이나, 무리 속에서 복잡한 소용돌이를 만들면서 한 방향으로 진행하는 운동이 나타난다. 즉 '사물'과 '것'의 혼효는 부분의 기능 분화나 분산적인 전체 제어를 야기한다.

즉 대상화되고 독립적으로 운동하는 부분의 총합으로서의 전체와, 하나로 연결된 전체로서의 개체성을 주장하는 전체의 양의성—신체 도식과 신체 이미지의 양의성—을 주장하는 원생적 존재가 된다.

13장 남병정게는 고통을 참고 물에 들어가는가

소라게도 참는다

영국 북아일랜드의 동물행동학자 밥 엘우드는 「소라게는 고통을 느끼는가」라는 획기적인 논문을 썼다. 기독교 문화권인 영국에서 인간이 아닌, 하물며 척추동물도 아닌 절지동물이 고통과 같은 감각을 갖는다고 주장하는 것은 꽤 용기가 필요한 일이었음에 틀림없다.

그의 주장은 이러하다. 주어진 자극에 대해 어떤 응답을 하는 것은 단순한 반사행동으로 알려져 있다. 전기 쇼크를 주어 근육이 수축해도 여기서 어떤 감각을 발견하기란 불가능하다. 반사행동에 부수하는 단순한 부작용이라 간주하는 것 이상의, 좀더 적극적인 행동을 발견할 수는 없는가. 이것이 엘우드가 제기한 문제였다.

그는 자극을 '참는' 것이 고통의 본질이라고 생각했다. 반사는 자극에 대해 기계적이고 수동적이다. 주어진 자극을 받아내고, 다시 능동적으로 행동하거나 정지할 때 자극은 가공되어 고통이 된다. 엘우

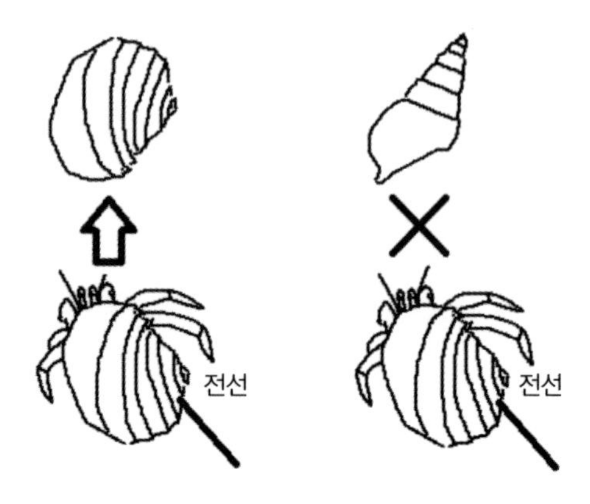

그림3-11 엘우드의 실험. 마음에 드는 껍데기가 눈앞에 있을 때 껍데기의 꼭지에 찔러 넣은 전선으로 전기충격을 주면 소라게는 바로 그 껍데기로 들어간다(왼쪽). 마음에 들지 않는 껍데기가 눈앞에 있을 때는 짊어지고 있는 선호하는 껍데기를 버리지 않는다(오른쪽).

드는 이렇게 정의한 뒤 소라게가 고통을 느끼는지 느끼지 않는지를 평가하는 실험을 했다.

소라게는 절지동물로 스스로 조개껍데기를 만들 수는 없다. 짊어지고 있는 조개껍데기는 고둥 등의 연체동물이 죽어서 남긴 유해다. 소라게도 고둥도 각자의 생태에 의존해서 분포가 결정되기 때문에 어떤 장소에는 특정한 종류의 소라게, 특정한 종류의 고둥이 서식한다. 이 조합의 특이성 때문에 짊어진 조개껍데기에 대한 소라게의 취향이 발생한다. 소라게는 익숙한 조개껍데기를 선호하는 것이다.

엘우드는 이 취향을 이용해서 고통 실험을 했다. 우선 소라게에게 선호하는 고둥을 짊어지게 한다. 고둥에는 구멍이 뚫려 있는데 여기에 전선을 넣어 소라게에게 전기충격을 가한다. 여기서 소라게의 눈앞에 선호하는 고둥이 있을 때 소라게는 즉시 전기충격을 받은 조개껍데기에서 빠져나와 눈앞에 있는 새로운 조개껍데기에 들어간다(그림3-11).

그렇지만 눈앞에 그다지 좋아하지 않는 조개껍데기가 준비되어 있을 때 소라게는 전기충격을 받아도 상대적으로 선호하는, 젊어지고 있는 조개껍데기를 버리지 않고 거기에 머무른다는 결과를 얻었다.

단지 젊어진 조개껍데기에서 나오지 않는 것뿐이라면 전기 쇼크라는 자극을 기피 자극으로 받아들이지 않는 것일 가능성도 있다. 그러나 소라게는 좋아하는 조개껍데기가 눈앞에 있는 경우에는 바로 빠져나와 새로운 조개껍데기에 들어간다. 즉 젊어지고 있는 좋아하는 조개껍데기에 전기충격과 같은 좋지 않은 상황이 생겨도 눈앞에 바라지 않는 조개껍데기밖에 없는 경우에는 이를 참는 것이다.

고통에 잠재하는 '것'과 '사물'의 양의성

나는 연구실에서 하던 소라게 실험을 통해 엘우드와 메일을 주고받으며 고통이나 신체성에 관해 논의한 적이 있다.

제1부에서 논의했듯이 신체에 있어서 '사물' 및 '것'이란 조작 가능한 부분의 총체로서 개설되는 신체 도식과 하나의 전체로서 개설되는 신체 이미지다.

신체 도식, 신체 이미지에 관계해서 야기되는 감각으로 신체조작감과 신체소유감이 있다. 신체조작감은 그 부분을 스스로 움직인다는 감각이고, 신체소유감은 일련의 전체를 스스로가 소유한다는, 혹은 일련의 전체가 나에게 연결되어 있다는 감각이다.

그러므로 이러한 나의 고통, 나에게 소유되는 고통은 신체소유감과 관계있는 감각이라고 판단할 수 있다. 나는 이러한 추론에 도달하여 고통을 의식 체험과는 다른 형식으로 다루는 논문을 찾고 있었고, 그러다 엘우드의 논문에 도달한 것이다.

나는 '고통이란 참을 수 있는 것이다'라는 엘우드의 정의에 대단히 감탄했다. 그 이유는 아래와 같다. 고통은 명백하게 이러한 나(전체로서의 나)에게 귀속되는 것이고, '것'에 관여하는 감각이지만 동시에 손이 아프다, 머리가 아프다, 위가 아프다 등으로 부위를 지정할 수도 있다. 즉 전체로서의 '것'이면서 대상화된 '사물'이기도 하다. 이것은 자명하다.

'것'과 '사물'은 원래 미분화되어 있기에 명료하게 분리할 수 있는 게 아니다. 신체성을 '사물'과 '것'으로 잘 해부했다고 해도, 각각에는 무리한 분할에서 기인하는 잉여가 남아 있다.

이리하여 '것'에 관여하는 고통에서는 '사물'로서의 측면을 완전히 배제할 수 없다. 결과적으로 고통을 '사물'화, 대상화할 수 있기 때문에 다른 대상과 함께 조작하고 계산하며 비교할 수 있다. 그렇기 때문에 고통은 다른 것과 비교해서 참을 수 있는 것이다. 즉 '고통이란 참을 수 있는 것이다'라는 고통의 정의는 '것'과 '사물'의 양의성과 깊이 얽혀 있다.

인간과 같은 고통 감각이 소라게에게 있는가 없는가는 그다지 중요한 문제가 아니다. 고통이라는 내적인 것, 내밀한 것을 외부로 열린 형태로 전개해가는 그 상상력이 중요하다. 그것은 고통이나 신체, 의식을 제멋대로 정의해버리는 자의적이고 거친 논의가 아니라 철두철미하게 정도 문제로 만들어가기 위한 수단이 된다.

남병정게는 인내하면서 물에 들어가는가

다시 남병정게 무리의 문제로 돌아가자. 무리 전체가 하나의 신체를 갖는다면 그것은 신체 이미지를 갖고, 고통을 느끼지 않을까. 고통을 느낀다면 그 고통은 신체의 어떤 부위에서는 허용되고 인내되며, 다른 대상화된 것과 함께 조작, 비교될 수도 있지 않을까. 이 참는 행동은 하나의 개체로서는 물길에 들어가기를 싫어하는 남병정게가 집단이 되면 돌연 물길을 돌파하는 현상과 관계가 있지는 않을까. 또한 역으로 이 현상은 인내하는 행동이 어떻게 출현하는가를 생각하는 좋은 재료가 된다.

참고 견디는 행동은 기피행동에서 발견된다. 즉 외부 자극에 대한 역치가 존재해서 그 역치를 넘으면 동물은 도피행동을 한다는 전제가 존재한다.

그런데 통상 그러한 행동을 함에도 불구하고 어떤 상황에서는 역치를 넘더라도 기피행동을 취하지 않는 경우가 있다. 만약 이 상황이 단순히 수동적인 제약이자 조건으로서 작용할 뿐이라면 우리는 여기서 참는다는 행동을 발견할 수 없을 것이다.

어떤 다른 대상화 가능한 신체적 상황(소라게의 경우라면 조개껍데기 안에서 살기 좋다는 느낌을 받는 것) 사이에서 조작, 비교되고 기피행동을 취하지 않는 경우, 거기서 '동물이 참고 있다'는 상황을 발견할 수 있다.

즉 기피행동의 역치를 통상보다 낮추는 원인이 어떤 신체적 상황의 (능동적) '사물'화와 관계할 때, 그것은 엘우드가 주장하는 고통의 정의를 만족하는 셈이다. 남병정계 무리의 도하행동을 두고 이런 의미에서 고통을 느낀다고 말할 수는 없는 것일까.

상호예기 모델에서는 가능적 천이의 중복도가 2 이상일 때, 개체가 그 장소로 이동한다. 그것은 통상 역치 2가 존재하고 그것을 넘었을 때 이동한다는 규칙이다. 마찬가지로 수역水域을 정의할 수 있다. 역치 5 이상이 되면 비로소 침입할 수 있는 장소라고 정의할 때, 이는 한 마리의 개체로서는 결코 들어갈 수 없는 장소로서 정의하는 셈이다.

도하행동을 시뮬레이션하다

그림3-12는 이렇게 정의한 수역을 건너가는 상호예기 모델의 시뮬레이션 결과를 보여준다. 이전에 제시한 상호예기 모델의 시뮬레이션 결과와 마찬가지로 각 패널은 시간 발전의 스냅사진이다.

외측 경계는 왼쪽과 오른쪽, 위와 아래가 이어져 있고, 도넛의 표면과 같은 공간(원환면)을 나타낸다. 내측에 있는 사각형이 역치 5 이상이 되면 비로소 침입할 수 있는 수역을 드러낸다.

그림3-12 위쪽에 있는 세 장의 패널은 시간적으로 근접한 것으로 시간은 왼쪽에서 오른쪽으로 경과한다. 이것을 보면 물가에 도달한 소집단은 수역으로 침입할 수 없고, 물가를 따라 이동함을 알 수 있다. 또한 물가를 따라 이동하면서도 다른 소집단과 합류함으로써 진행 방향을 바꿔, 물가의 역방향으로 움직이기 시작하거나 물가에서 벗어나는 방향으로 움직이기 시작하는 등 다양한 행동을 전개한다.

이러한 운동을 거쳐 밀도가 높은 집단이 수역 우측에 형성되고,

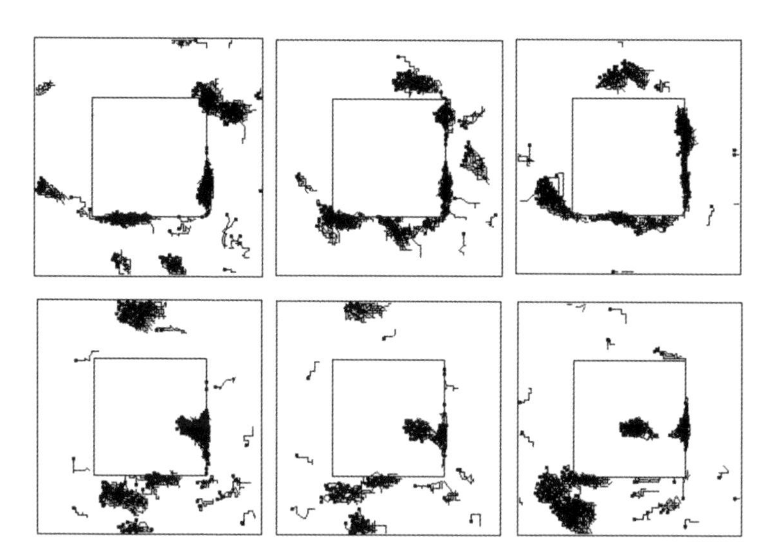

그림3-12 상호예기 모델에서 도하행동 시뮬레이션. 각 패널은 2차원 공간을 운동하는 200마리의 개체가 시간 발전을 하는 어떤 순간의 스냅사진이다. 각 개체는 검은 사각형으로서, 이전의 궤도를 꼬리처럼 동반한다. 중앙 사각형은 수역을 나타낸다. 시간은 왼쪽 위에서 오른쪽 위로, 다시 왼쪽 아래에서 오른쪽 아래로 진행된다. 동영상: 3-12 http://youtu.be/Z7A0Df0mAZA.

수역에 침입한 국면이 그림3-12 왼쪽 아래 그림이다. 일단 수역에 들어가면 집단은 돌파를 위해 직진한다. 그러나 돌입한 집단 속에 성긴 부분이 있으면 그 부분은 물가로 침입할 수 없다. 조밀한 상호예기 네트워크가 끊어지는 부분이다.

그러한 부분에서 끊어진 선단 영역만이 수역을 직진한다. 수역에 돌입한 영역은 물가의 집단과 상호예기 네트워크가 끊어지지 않는 한 물가로 돌아간다. 그렇지 않은 경우 수역에 남겨진다.

그림3-13도 그림3-12와 마찬가지로 상호예기 모델을 사용한 도하 시뮬레이션을 나타낸 것이지만 가능적 천이가 분포하는 범위는 극히

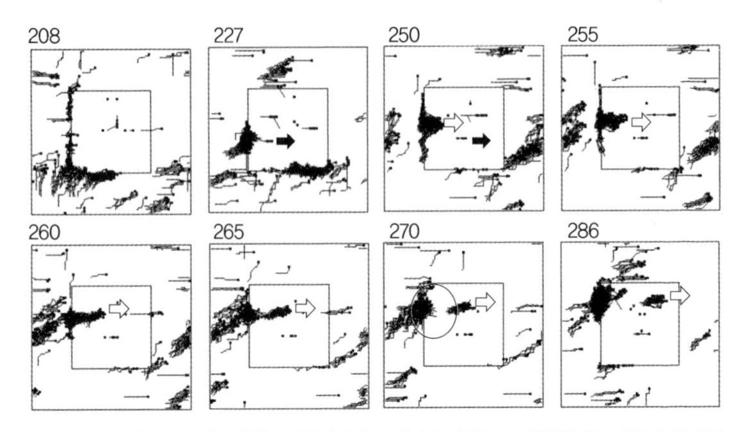

그림3-13 상호예기 모델에서 도하행동 시뮬레이션. 공간이나 개체를 표시한 방식은 그림3-12와 같다.

좁은 영역에 한정되어 있다.(즉 변이각이 작다.) 가능적 천이의 분포가 한정되어 있기 때문에 각 개체는 일단 직진을 시작하면 직진하기 쉬워진다.

그림 3-13은 처음에 각 개체를 무작위로 분포시키고 기본 속도도 무작위로 줘서 상호예기 모델의 규칙에 따라 시간을 발전시킨 것이다. 각 패널 위에 붙인 번호는 시간 단계(시각)를 나타낸다.

시각 208에서 수역의 왼쪽 아래에 몇 개의 집단이 집중했다. 또 이미 수역 내에 있는 개체는 이전에 수역에 침입한 집단이 남겨둔 개체다. 이러한 남겨진 개체가 어떻게 만들어지는지 다음의 시간 발전을 통해 살펴보자.

시각 208에서 왼쪽 아래에 모여 있던 개체의 일부는 수역에서 벗어나 일부는 수역의 왼쪽 경계부로 이동한다. 이리하여 형성된 조밀한 집단이 수역에 들어가지만(그림3-13 흰 화살표), 성긴 부분에서 끊어져서(시각 270) 남겨져 단편화된 개체는 수역에 계속 머무른다. 단, 소수의 개체라도 종종 많은 가능적 천이가 중복되면 남겨진 개체는 조금씩 움직일 수 있다.

이때 그림3-7에서 제시한 추적이 효과를 발휘하여, 남겨진 개체 중 일부가 움직이면 추적해서 후속하는 모습이 나타난다. 이리하여 수역에 남겨진 개체는 직선 모양으로 늘어서면서 극히 천천히(소수 개체에서 다수의 중복이 나타날 기회를 갖고 이동하기 때문에) 이동한다(그림3-13 검은 화살표).

소수의 개체가 수역 내에 남겨지는 현상은 실제로 남병정게에서도 매우 자주 발견할 수 있다(그림3-2). 무리의 일부와 접속이 끊겨 선행자를 뒤쫓을 수도 없게 된 개체는 물속에 남겨진다.

이 개체들은 많은 경우 일렬로 늘어서서 천천히 물속을 이동한다. 그러한 행동은 바로 그림3-13에 제시된 것과 같다.

'것'이 '사물'화되어, 통상의 반사행동이 뒤집힌다

그러면 남병정게는 고통을 참고 물에 들어가는 것일까? 이 질문에 답해보자. 고통이란 전인격적인 '것'이면서 어디가 아픈지 지시할 수 있기 때문에 '사물'화되고, 그러므로 다른 '사물'과 교환할 수 있으며, 참을 수 있다.

이 무리의 경우 고통의 후보는 수역이라는 환경 자극을 받았을 때 개체가 보이는 행동이다. 임의의 개체가 수역에서 다른 환경에 있을 때와 다른 행동을 하는 경우를 생각해보자. 수역에 대한 반응은 무리를 한 개의 신체로 해석할 때, 전인격적인 전체로서의 '것'으로 간주할 수 있다.

모델에서 수역은 통상의 환경보다 침입하는 역치가 더 높게 설정되었다. 그러므로 정의상 다른 환경과 다른 반응이 주어진다. 즉 이것은 자극에 대한 반사행동이고, 무릇 반사란 이렇게 프로그램화된 기계적 행동이라고 생각할 수 있다.

특수한 자극에 대한 기계적 행동이 임의의 개체에서 실현된다. 따라서 이 행동은 자극에 대한 무리로서의 반사행동으로 간주할 수 있다.

여기서 이렇게 프로그램화된 반사행동은 다음과 같이 생각해야 한다. 통상의 무리에서 국소적인 개체 밀도는 대체로 일정하고, 수역에서는 그 밀도에 따르는 한 가능적 천이의 중복을 사용해 전진하기란 불가능하다. 수역은 자극이 크고 들어갈 수 없는 곳이다. 그러나 만약 통상의 밀도와 다른 밀도를 실현해서 수역에 들어갈 수 있다면 거기에 통상과 다른 상황을 만들 수 있었다고 생각할 수 있다.

즉 어떤 행동을 기계적인 반사행동으로 간주할 수 있는 이상 그것이 고통이기 위해서는 임의의 개체가 아닌 특정 개체에서 이 반사행동이 나타나고, 고통을 '사물'화해 인내하게 됨을 확인하면 된다. 무리의 모델에서 '사물'화란 개체의 집합으로서만 상정할 수 있는 상황에서 개체를 선택해버리는 것이다.

타조 클럽 모델을 생각해보자. '사물'화란 능동적 수동이었던 것에서 수동적 능동이 출현하는 것이었다. 리더나 지몬이 마련한 집단적 기분의 정체停滯에서 능동적 개체인 류헤이가 선택되고 그가 수동적 능동자로서 나타났다. 이것이 바로 수역에 들어가는 개체의 출현이다.

개체가 물가에서 이동을 반복하고 개체의 밀집도가 어떤 경우에 높아져 가능적 천이의 중복이 높아짐을 보여준다. 이리하여 모두가 들어가면 나도 들어간다는 분위기가 물가에 팽배하고 그 분위기가 최고조에 이르렀을 때 어떤 개체가 수동적으로 선택되어 물에 들어간다. 이 구도는 열탕에 들어가는 류헤이 그 자체다.

가능적 천이의 분포만 존재했던 경우의 분위기, 곧 '것'이 개체의 밀집도를 국소적으로 바꿈으로써 '사물'화되고 통상의 반사행동이 나타난다. 이것은 기계적 반사행동을 참는 상황이고, 엘우드가 말하는 고통의 정의를 만족시킨다.

따라서 만약 남병정게 무리가 상호예기해 선택함으로써 운동을 구동한다면, 통상 수역에 들어가지 않는 무리가 밀도의 변화를 스스로 만들어내서 수역으로 돌입해 갈 때 남병정게 무리는 고통을 느낀다고 말해도 좋다.

제4부

무리가 만드는 시계·신체·계산기

14장 남병정게 무리를 해석하다

개체와 전체의 양립은 불가능한가?

이리하여 우리는 의식에서 '사물'과 '것'의 양의성을 발견하고 동물의 무리에서 그러한 양의성을 발견할 가능성을 구상했다. 그것이 타조 클럽 모델이고, 상호예기 모델이었다.

통상 개체의 자유와 사회로서 내리는 하나의 의사 결정을 양립시키기는 어렵다. 이것은 딱히 동물 무리에만 한정된 이야기는 아니다. 인간 사회에서도, 한 사람 한 사람의 개성을 모두 인정하는 것과 사회를 하나의 조직으로서 정리하는 것을 양립시키기는 어렵다.

'다양성이 중요하다'고 주장하기는 쉽지만 많은 경우 의견 집약을 위한 허용 범위, 상정 범위가 설정되고 그 이외의 것은 배제된다. 제각기 다른 개성을 인정한 다음, 전체로서 수미일관된 의사가 실현되는 합의 방법이 인간 사회에서는 거의 발견되지 않는다. 멸사봉공을 강조하는 전체주의와 전체가 의사를 결정하는 능력을 최소화하려는 아나키스트 사이를 어떻게든 중재해서 조정하는 민주주의가 계속 유지되고 있다.

다시 말해 동물 무리가 아닌 동물 무리를 연구하는 인간 측에, 무질서anarchy한 개체와 전체로서의 무리가 양립하는 것, 즉 '사물'과 '것'의 양립은 불가능하다고 생각해버리는 억견이 있었다. 그렇기 때문에 무리 모델인 보이드나 그 파생 모델은 능동적인 개체와 수동적인 사회에 대한 동조 압력을 양자택일하거나 기껏해야 비례 배분하는 메커니즘을 갖추는 데 이르렀다. 무리가 하나로 모여 운동하기 위해서는 모든 개체가 진행 속도를 맞춰 개체의 다양성을 희생할 수밖에 없다. 오히려 그러한 억견하에서 모델이 구상되었다고 생각할 수 있다.

한편 상호예기를 기초로 두는 무리 모델에서는 서로의 가능성을 예기하고 예기를 통해 이동하는 것을 비동기로 실현한다. 그를 위해 능동과 수동은 대립하는 것이 아니라 밀접하게 관련되고 서로 계기繼起한다. 이 모델은 실제 남병정게의 사례에서 얼마나 타당할 것인가.

첫 번째로 비동기적 이동에 대해 생각해보자. 각자가 흩어져 제멋대로 움직이는 것은 당연하며 전혀 부자연스러운 가정이 아니라고 생각해도 좋다. 매 순간 개펄 전체—고시엔 구장 몇 개에 해당되는 크기다—에 분포하는 남병정게가 동기적으로 동시에 이동하기는 불가능하다.

어떤 개체가 이동하여 그 영향을 받아 뒤의 것이 움직이고, 다시 또 다른 개체가 움직인다. 어떤 개체부터 움직이는지 그 모습은 매

순간 변해가겠지만, 이동은 항상 비동기로 이뤄져, 천천히 물결치듯 움직인다.

두 번째로 서로의 이동 가능성을 예기하는 것에 관해 평가해보자. 앞 장에서 기술했듯이 여기서 중요한 점은 예측과 예기의 구별이다.

예측이란 확정되어 있는 상태와 같은 상태의 정밀도 및 수준에서 미래의 상태를 사전에 확정하는 것이다. 물론 예측되는 상태가 100퍼센트 일어나는 것은 아니며 불확정성을 동반한다. 그러나 예측되는 상태 그 자체는 하나다.

그림4-1은 여러 인간 개체로 붐비는 길에서 충돌을 피하려고 하는 움직임을 예로 들어 예측과 예기의 구별을 제시한다. 그림 4-1 a에서는 검은 원, 흰 원으로 두 사람의 위치가 나타나 있다. 실선 화살표는 현재의 위치에 이르는 각각의 이동 경로를 나타낸다. 그림 4-1 a 위쪽 그림에서 점선 화살표는 흰 원의 위치에 있는 인물과 상대(검은 원)가 각자 직후에 이동할 위치를 예측한 것이다.

이대로라면 충돌한다. 이렇게 생각해서 흰 원의 위치에 있는 인물은 예컨대 그림 4-1 a 왼쪽 아래와 같이 왼쪽으로 비켜서 충돌을 회피하려고 한다. 그러나 그의 예측이 옳다는 보증은 없다. 충돌을 피하려고 하는 행동이 역으로 충돌을 일으켜버릴 수 있기 때문이다(그림 4-1 a 오른쪽 아래).

예기에서는 어떤 일정한 폭과 확률을 갖고 이동한다고 파악할 수 있다. 즉 예기는 '가능성의 다발' 자체를 이동 가능한 위치라고 생각한다.

그림4-1 b는 그러한 예기에 의해 충돌을 피하는 운동을 나타낸다. 충돌하기 직전 두 사람의 위치는 역시 흰 원과 검은 원으로 제시되고, 직전의 이동은 실선 화살표로 제시되었다.

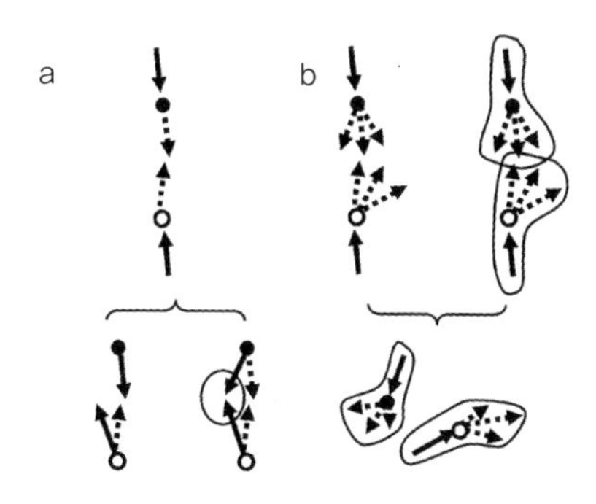

그림4-1 a: 충돌을 피하기 위한 예측. b: 충돌을 피하는 예기.

이제부터 움직일 가능성은 점선 화살표의 다발로 제시했다. 즉 이제부터 이동할 곳은 화살표 앞쪽의 한 점으로 지시되는 것이 아니라 가능성의 분포로서만 제시된다. 분포는 가능성의 집단으로 간주되지는 않는다. 점이 아닌 크기를 가진 위치로 간주된다.

그러므로 이동체는 검은 원이나 흰 원이 아닌 이전의 궤적과 이제부터 일어날 가능성을 합친 확장된 신체가 된다. 우리는 확장된 신체로 말미암아 충돌을 피할 수 있다.

그림4-1 b에 나타난 아메바 모양의 신체를 부딪히지 않도록 피하려할 때는 대체로 성공한다. 왜냐하면 위치를 정확히 확정하는 예측에 비해, 예기에 의한 충돌 회피는 아메바 모양의 신체와 같은 '가능성의 다발'을 회피하는 것이다. 이는 좀더 큰 거리를 이동하는 결과가 되므로 가능성이 낮은 충돌도 결과적으로 회피한다. 그러므로 예측시 충돌을 일으키는 사태를 되도록 피하게 된다.

비디오카메라로 게의 움직임을 해석

실제 남병정게는 어떻게 운동하고 무리를 형성하는 것일까. 우리는 오키나와현 이리오모테섬 후나우라 항에 비디오카메라를 설치하고 게의 움직임을 해석하기로 했다. 전천후형 카메라 전문가인 하코다테 미래대학의 도다 마사시戸田眞志 부교수(현 구마모토대학 교수)와 그의 대학원생인 에노모토 고이치로榎本光一郎 씨가 중심이 되어 카메라를 설치하고 화상을 녹화했지만, 나와 연구실 대학원생인 무라카미 히사시 군, 니시야마 유타 군 등도 함께 작업하면서 비교적 판이 커지게 되었다.

해석할 때는 남병정게를 개체 식별해서 각각의 움직임을 좇아야 한다. 그를 위해서는 화상의 해상도를 꽤 높여서 개체의 선명한 형상이나 모양의 차이를 골라낼 필요가 있었다. 그래서 개펄 표면에서 70센티미터 정도 되는 곳에 비디오카메라를 수평으로 설치하여 그 바로 아래를 통과하는 게 무리를 촬영한 것이다. 이렇게 촬영된 한 장면이 그림4-2다.

왼쪽 그림은 개펄 표면을 바로 위에서 촬영한 것이다. 남병정게 개체는 자동적으로 마크되고(사각형), 추적된다. 추적된 개체의 궤적은 위치 데이터 열로 보존되므로 이것을 컴퓨터상에 표시하면 남병정게의 운동을 재현할 수 있다.

그림4-2 오른쪽 그림은 이렇게 재현된 각 개체의 움직임이다. 왼쪽 그림에 있는 개체는 오른쪽 그림에서 검은 사각형으로 표시되고 그 위치에 이르기까지의 궤적이 검은 실선으로 그려진다. 대부분의 개체

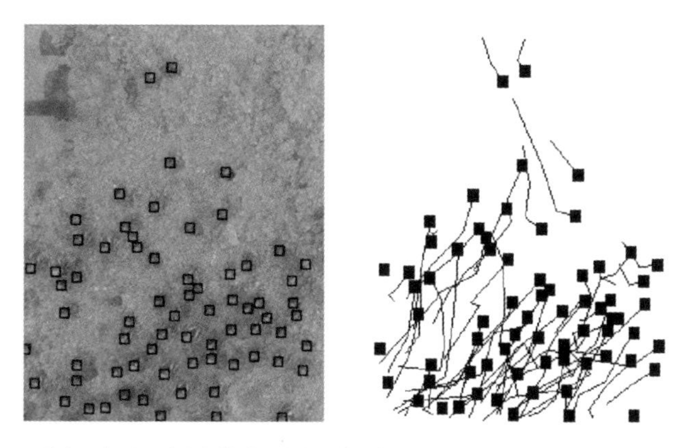

그림4-2 개펄 표면 바로 위에서 촬영한 남병정게(왼쪽)와 그 운동을 컴퓨터상에서 재구성한 모습(오른쪽).

가 그림 아래쪽에서 위로 이동하는데, 다섯 마리는 위에서 아래로 이동했음을 알 수 있다. 공간에 돌연 발생한 듯 보이는 개체는 모래 속에서 나타난 개체를 의미한다. 아래 방향에서 이동해 오는 무리를 보면 그 순간 뒤에도 계속 후속하는 개체가 있는데, 이것은 꽤 큰 무리가 이동하고 있음을 의미한다.

중요한 점은 개체의 운동이 교차한다는 사실이다. 아래 방향에서 이동해 오는 이 무리는 전체로서는 한 방향으로, 상당한 속도로 이동하지만 무리 내부에서 속도를 맞추지는 않는다. 각 개체는 오른쪽으로 진행하거나 왼쪽으로 진행하거나, 또 어떤 것은 지그재그로 진행하거나 해서 무리 내부에서 운동은 흩어진다.

무리 형성에 정향성이 관계하는가

이렇게 얻은 남병정게 무리의 데이터를 밀도와 정향성에 관해 제시한 것이 그림 4–3 b다.

무리의 밀도는 다음과 같이 계산했다. 우선 이동하는 무리의 어떤 순간의 스냅사진을 준비한다. 한 마리의 개체를 중심으로 해서 일정한 반경의 원을 취하고, 그 속의 다른 개체 수를 센다. 이것을 무리의 모든 개체에 관해 계산하고 평균한 값을 스냅사진의 밀집도라 부른다. 이 밀집도를 적당한 값으로 나눠 규격화한 것이 밀도다.

또 어떤 순간과 다음 순간의 두 장의 스냅사진을 사용해서 각 개체의 이동을 화살표로 표시할 수 있다. 이 화살표의 길이를 규격화한 뒤 방향에 관해 더한 것이 스냅사진(정확히는 그 스냅사진에서 다음 순간으로)의 정향성이다.

화살표가 180도 다른 방향을 가진다면 더했을 때 화살표는 없어지고 정향성은 0이 된다. 정향성은 무리의 속도가 얼마나 맞춰져 있는가를 평가하는 지표다.

이렇게 해서 각 스냅사진이 다음 순간의 스냅사진과 갖는 관계에서 하나의 밀도 데이터와 하나의 정향성 데이터로 이루어진 데이터 쌍을 얻을 수 있다. 이 데이터 쌍을 정향성을 가로축, 밀도를 세로축으로 해서 한 공간에 나타내면 어떻게 될까.

이동하는 무리는 스냅사진의 시계열이므로 수많은 데이터 쌍을 얻을 수 있고 정향성–밀도 공간에 점의 분포를 부여할 수 있다. 점의 밀도가 높은 영역을 짙은 색으로, 낮은 영역을 옅은 색으로 표시한 것이 그림4-3이다.

그림4-3 b에 있는 실제 남병정게 무리를 보면 고밀도이면서 여러 정향성을 가짐을 알 수 있다. 밀도의 값은 0.3으로 그다지 크지 않다고 생각될지도 모르지만 적당하게 규격화하고 있기 때문에 값 자체에는 의미가 없다. 실제로 이 값은 그림4-2에서 확인되는 정도의 밀집 상태를 나타낸다.

중요한 것은 무리 밀도의 상한과 정향성이 어떠한 관계에 있는가 하는 것이다. 정향성과 밀도가 오른쪽 대각선 위쪽으로 상승하는 직선으로 표시되는 관계를 갖는다면 양자는 정正의 상관을 갖고, 무리의 밀도 상승에 정향성이 기여함을 알 수 있다.

그러나 실제로는 그러한 경향을 보이지 않는다. 밀도는 정향성과는 다른 메커니즘에 의해 야기된다.

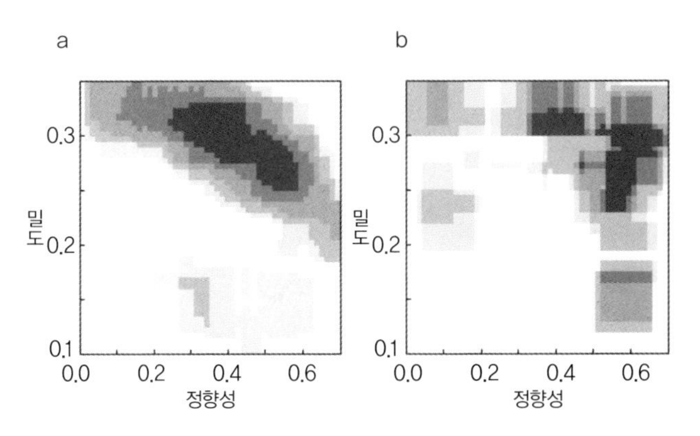

그림4-3 a: 상호예기 모델에서 확인되는 밀도와 정향성의 관계. b: 실제 남병정게 무리에서 밀도와 정향성의 관계.

그림4-3 a는 상호예기 모델에 따라 형성된 모델에서 마찬가지로 밀도와 정향성을 계산한 것이다. 단, 이 모델에서 정향성의 크기는 가능적 천이가 분포하는 영역의 각도를 결정하는 변이각에 의존한다.

그 때문에 이 모델에서는 여러 변이각을 주고 무리를 형성시켜 정향성과 밀도를 계산한다. 이 모델에서 역시 밀도와 정향성은 독립적임을 알 수 있다.

실제로 상호예기 모델에서는 가능적 천이의 예기와 충돌을 피하는 비동기에 의해 각 개체가 조밀한 무리를 형성하고 유지하므로 큰 정향성을 필요로 하지 않는다. 남병정게 무리에서도 정향성이 증대하는 것 이외에 무리 형성 원동력으로서 상호예기가 확인될지도 모른다. 그래서 우리는 좀더 직접적인 해석을 하기로 했다.

15장 남병정계의 상호예기

‘그때까지의 움직임’을 원료로 한 상호예기 모델

우리가 고안한 타조 클럽 모델 및 상호예기 모델은 정향성에 의한 것이 아니었으며 시각 단계마다 각 개체가 무작위로 가능적 천이를 형성했다. 그 결과 이동 가능한 장소를 서로 검지함으로써 ‘예기’가 도입되었다.

설령 동물이 상호예기를 실현한다고 해도, 가능적 천이가 무작위하다면 현실에서 동물이 사용하는 가능적 천이를 관찰자인 우리가 인식하기는 매우 어렵다. 더욱이 ‘동물이 가능적 천이를 검지함으로써 수동적 능동자가 선택된다’는 과정을 발견하기란 불가능하다.

그러나 상호예기가 초자연적인 정보 전파를 의미하는 것은 아니다. 그것은 넓은 의미의 신체성이자 사회성이다. 인간이 인파로 북적거리는 길에서 충돌을 피하는 정도로 상대의 움직임을 예기하는 것이다. 엄밀하게 예측할 수 없기 때문에 역으로 상대를 큰 덩어리로서 파악한다. 그렇기 때문에 상호예기는 상대와 충돌하지 않도록 움직일 수 있게 한다.

검의 달인이 상대의 움직임을 지켜보고 부딪히기 직전의 순간에 상대의 움직임을 피하는 경우, 덩어리로서의 상대는 공간적인 오차라기보다도 오히려 시간적인 두께에 의해 크기를 갖게 될 것이다.

어쨌든 사회성을 띠는 확장된 신체를 지각한다—예기한다—는 것은 시공적 덩어리로서 상대의 신체를 파악하는 일이다. 우리 인간만큼 지각이 쇠퇴해 있지는 않은 남병정게는 좀더 충분히 발달되어 있는 상호예기를 실현하리라고 생각할 수 있다.

인간이 충돌을 회피할 때 상대가 직진하면 급히 방향을 바꾸는 일

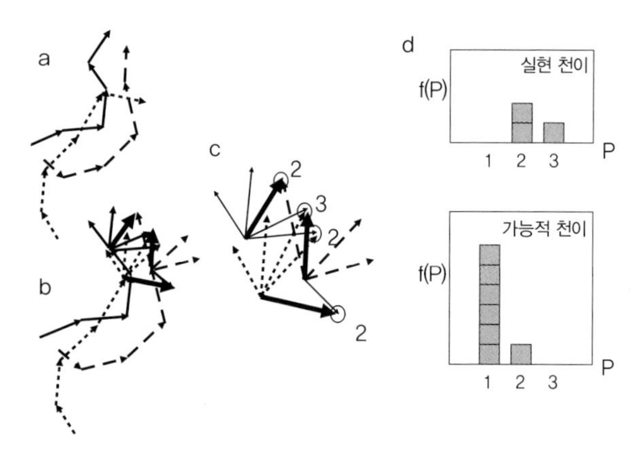

그림4-4 무리를 형성하는 가상적 동물 개체의 운동 궤적을 화살표의 열로 나타낸 것. a: 각 개체의 운동은 화살표의 종류(실선, 파선, 점선)로 구별된다. b: 과거의 움직임을 가능적 천이로서 사용, 각 개체는 가장 중복된 가능적 천이의 목적지로 이동한다. 이렇게 얻은 천이가 실현 천이다. 가능적 천이는 가는 화살표, 실현 천이는 굵은 화살표로 그렸다. c: 가능적 천이와 실현 천이의 관계. 숫자는 동그라미의 위치에서 중복될 가능적 천이의 수. d: c에 나타난 가능적 천이(실현 천이와 중복되지 않는 것)와 실현 천이에 관해 천이 중복 수의 빈도분포를 나타낸 것.

은 없을 것이라고 생각하고, 상대가 우측에서 크게 돌아 접근해 오면 역시 그 연장선상에서 방향을 바꿔가리라고 생각하자. 이러한 방법으로 상호예기를 실현한다면 데이터에서 가능적 천이를 알아차릴 수 있고 또 틀림없이 중복도가 큰 장소로 이동하는 경향에 관해서도 평가할 수 있다.

우선 과거의 운동 경험을 가능적 천이로서 사용하는 가상의 동물을 생각해보자. 그림4-4 a는 그러한 가상 동물의 운동 궤적을 나타낸다. 세 개의 개체가 보여주는 운동 궤적이 화살표의 열로서 제시된다.

각 개체는 과거의 운동을 가능적 천이로서 사용한다고 가정했으므로 마지막 위치로 이동하는 것은 과거의 이동 화살표를 종점으로 모은 화살표의 분포에 따라 결정된다. 그림4-4 b에서는 그림4-4 a에서 제시된 각 개체의 과거 화살표를 각 개체의 현재 위치(마지막 화살표의 꼬리 위치)에 겹쳐 그렸다.

가능적 천이의 위치관계를 나타난 것이 그림4-4 c다. 여기서 마지막 이동, 즉 실현된 천이만이 굵은 화살표로 나타나 있지만 각 개체는 목적지의 중복이 가장 큰 가능적 천이에서 하나를 선택해 최종적으로 이동한다. 그것을 확인하기 위해 화살표 선단의 중복도를 각각의 화살표(가능적 천이)에 관해 세었다. 실제로 그림4-4 c에서는 원으로 둘러싸인 장소에 도달하는 가능적 천이의 중복도를 그 화살표 끝에 표시했다. 숫자가 붙어 있지 않은 가능적 천이는 중복이 없다. 즉 중복도는 모두 1이다.

실현되는 천이(이동)는 가능적 천이에서 선택한다. 천이가 실현된 장소는 충돌을 피하기 위해 모두 선택할 수 없다. 따라서 가능적 천이 내에서 실현 천이와 중복하지 않는 것만을 가능적 천이로 해서 실현 천이와 구별한다.

여기서 실현 천이의 중복도와 가능적 천이의 중복도를 각자 가로축으로 취하고, 세로축으로 그 중복도마다 갖는 빈도를 취한 그래프가 그림4-4 d다.

실현 천이와 가능적 천이는 명백하게 빈도분포에서 차이가 있다. 가능적 천이와 비교하면 실현 천이에서는 중복도가 높은 곳에 빈도의 정점이 있고, 그것은 동물이 좀더 높은 중복도를 구해서 이동한다는 증거가 된다.

남병정게에서 확인되는 상호예기의 실제

그림4-5 a에서 실제 남병정게의 데이터에서 얻은 가능적 천이와 실현 천이에 관한 중복도 빈도분포를 나타내었다. 가능적 천이는 과거의 운동 경험에서 구했고, 실현 천이는 가능적 천이에서 선택했다. 여기서는 분포의 적분 값이 일치하도록 규격화했기 때문에 복수의 중복도에 정점을 갖는 분포는 전체적으로 낮고 완만한 봉우리 모양으로 나타난다.

이때 명백하게 실현 천이에서 중복도 빈도분포는 가능적 천이의 분포보다 중복도가 더 큰 쪽으로 편향한다. 즉 실현 천이로 인해 중복도가 높은 가능적 천이가 선택되었고, 그 결과 무리가 이동한다고

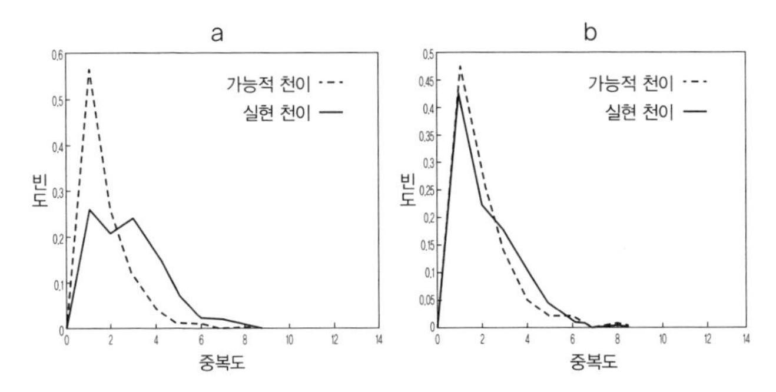

그림4-5 a: 현실의 남병정게 무리에서 실현 천이와 가능적 천이의 빈도분포. 각 개체에서 가능적 천이는 과거의 천이에서 취했다. b: 현실의 남병정게 데이터로 생성한 대조 실험 데이터에서 실현 천이, 가능적 천이의 빈도분포.

생각된다. 즉 남병정게는 모델에서 가정했던 상호예기를 실현한다.

그림4-5 b는 대조 실험 데이터에서 중복도 빈도분포를 계산한 것이다. 대조실험이라 해도 **그림4-5** a의 무리 데이터를 그대로 유용하여 가능적 천이의 정의를 바꾼 것뿐이다. 즉 가능적 천이를 이전부터 갖던 천이가 아닌 현재 위치에서 무작위로 발생시킨 유한개의 천이로 삼았다. 단 **그림4-5** a에서 사용한 이력의 길이(화살표 계열의 화살표 수)와 **그림4-5** b에서 무작위로 발생시키는 화살표의 수는 일치시킨다. 이렇게 해두고 실제 천이(실현 천이)와 가능적 천이의 중복도 빈도분포를 얻는다.

이 대조 실험에서 실현 천이와 가능적 천이 사이에는 빈도분포에 차이가 없다. 즉 가능적 천이를 실제 실현 천이와 무관하게 상정해도, 그러한 가능적 천이는 천이의 선택에 영향을 미치지 않는다. 이상을 살펴보면 남병정게는 이력을 참조해 상호예기함으로써 이동할

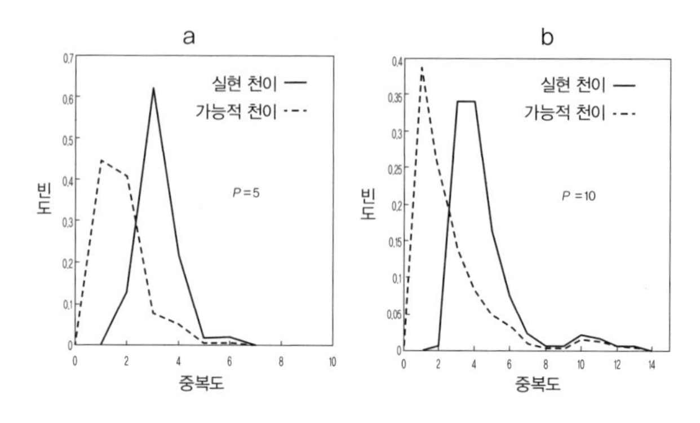

그림4-6 과거의 천이로 가능적 천이를 정의하는 상호예기 모델로 계산한 실현 천이, 가능적 천이의 중복도 빈도분포.

것이라고 생각할 수 있다.

현실의 남병정게가 과거의 천이에 의존해서 서로 예기하고 이동한다면 모델도 그렇게 수정해보기로 하자.

가능적 천이의 수를 과거 천이의 기억 길이로 해서 끊임없이 오래된 천이 기억을 버리고 새로운 천이로 바꿔 넣는다. 이렇게 해서 얻는 천이의 다발을 가능적 천이의 다발로 삼아 상호예기함으로써 이동을 반복한다. 이러한 변경을 가해도 상호예기 모델의 동향은 본질적으로 변화하지 않는다. 그런 다음 실현 천이와 가능적 천이의 중복도에 관한 빈도분포를 평가한 그래프가 그림4-6이다.

모델의 정의상 타당한 결과지만 실현 천이에서 중복도는 가능적 천이보다 더 크다는 것을 알 수 있다. 이는 기억의 길이, 즉 가능적 천이의 수에 관계없이 일반적으로 확인되는 경향이다.

남병정게 무리에서 개체의 자유와 무리 형성, 즉 '사물'과 '것'은 양립하는데, 이는 상호예기 때문이라고 생각하기에 충분한 증거를 얻었다고 말해도 좋다. 상호예기는 각 개체의 독립적이고 자유로운 운동을 허용하면서 견고하게 전체성을 유지할 수 있다.

남병정게를 어떻게 파악할 것인가. 우리 인간도 원리적으로는 공통 인식이 부재하거나 불명한 가운데 의사소통해야만 한다. 철학자 솔 크립키는 여기에서 "어둠 속의 도약"을 확인하고 이것을 위해 공동체를 상정했다.

이 책의 논의로 보면 어둠 속의 도약은 극단적인 능동을 의미한다. 크립키는 극단적인 수동(합의가 있는 세계)을 물리치고 극단적인 능동(어둠 속의 도약)을 역설적으로 확인하면서 결과적으로 공동체에 의한 느슨한 공통적 이해를 확인했다. 그러나 그 실태는 잘 알 수 없다. 이에 대한 이 책의 대답은 극단적인 수동이나 극단적인 능동을 방기하고 비동기적 시간과 충돌 회피라는 조정을 함으로써 능동적 수동, 수동적 능동이라는 개념을 도입하는 것이었다.

말하자면 이 무리의 성격은 결정結晶과 같은 정적인 구조로서 무리를 만드는 것이 아니라 끊임없이 그 기원부터 다시 만들어지도록 동적 구조로서 무리 형성을 실현한다. 이 동적 구조로서의 무리가 우리에게 무엇을 야기하는지를 다음 장에서 살펴보기로 하자.

16장 무리로 제작한 시계

생명이란 ‘사물’과 ‘것’으로 분화함으로써 그 양의성을 띠고, 또 어떤 때에는 양자를 융합해서 새로운 분화의 순간을 노린다. 생명이란 ‘사물’과 ‘것’의 분화·융합을 반복하는 생성의 장이라고 볼 수 있다.

무리가 상호예기함으로써 ‘사물’과 ‘것’의 미분화성과 양의성을 띨 때 우리는 동물의 무리에서 생성의 장이 야기하는 여러 현상을 발견할 수 있다.

무리라는 생성의 장이 반복이라는 사건(‘것’)과 그것을 생성하는 기계적 메커니즘(‘사물’)으로 분화하고 융합하며 그 분화 및 융합을 반복한다. 본래 물질과정으로서 시계란 그러한 현상이다. 여기서는 내 연구실에서 수행한 ‘남병정게 무리로 시계를 현상케 하는’ 실험에 관해 기술하기로 하자.

우선 ‘사물’에 지나지 않는 시계에 관해 이야기해보자. 톱니바퀴를 짜 맞춰서 일정한 리듬을 만드는 기계장치인 시계는 ‘사물’로서의 시계다.

일정한 리듬을 만들어내는 것을 목적으로 생산한 기계로서의 시계는 일단 설계되어 다 완성되면 다시 만들어야 할 번거로움은 없다. 완성된 시계는 수동적으로 조용히 시간을 아로새길 뿐이다.

생명현상에서 가장 수리적으로 해석되어 모델화된 현상은 진동 현상이다. 진동 현상은 생화학 물질의 농도 변화나 동물의 개체 수 변동에서 확인할 수 있다. 그것은 실로 일정한 주기로 진동을 매기는 시계다. 단 보통 시계와 같이 완전히 수동적인 장치가 아니라 특정한 조건이 마련되었을 때 스스로 발동되고 진동을 시작하는 시계다.

기계장치인 시계는 진동 현상이라는 '것'이 장치로서 '사물'화되고, 일단 조합되면 원리적으로는 미래에 영겁에 걸쳐 계속 움직인다(고 상정된다). 한편 생화학 반응이나 개체 수 변동에서 기대되는 시계는 '것'을 발동하는 조건이 잘 마련되고, 그 조건을 만족하는 환경 자체가 '사물'화되었을 때 진동 현상이 출현하며, '사물'이 붕괴했을 때 자연히 '것'은 사라지는 시계다.

'사물'과 '것'의 미분화적 장소에서 양자는 구별되어 창출되고 다시 해소된다. 물론 이 양상이 기계장치인 시계에서도, 생화학 반응의 진동에서도 정도 문제에 지나지 않는다는 것은 명백하다. 시계를 제작하는 인간까지 포함해서 환경이라 여긴다면, 제작되는 시계는 환경이 잘 마련되어 진동이 '사물'화되는 국면이고, 기계장치인 시계의 운동 역시 물질현상인 이상 어차피 붕괴하기 때문이다.

정도 문제인 이상 역으로 생화학 반응이나 동물 종의 개체 수 변동에서도 '사물'과 '것'의 구별 형식을 발견하지 못하고 기계장치의 시계와 같다고 판단할 수 있다. 실제로 시계를 사용할 뿐인 소비자는 시계의 제작 과정이나 시계를 사용하고 난 뒤는 생각하지 않는다. 마찬가지로 진동 현상의 조건이 마련되기 이전이나 조건이 해소된 뒤를 무시하는 한 진동 현상에 '사물'과 '것'의 미분화성이나 분화 과정은 관여하지 않는다.

여우와 토끼 개체 수의 섭동 현상

생물에서 진동 현상으로 가장 유명한 것은 포식자(먹는 것)와 피식자(먹히는 것)의 개체 수가 보여주는 진동 현상이다. 포식자인 여우와 피식자인 토끼를 예로 들어 다음과 같이 설명할 수 있다.

어느 정도 넓은, 하지만 도망칠 곳이 없는 닫힌 환경에 놓이면 여우가 토끼를 잡아먹음으로써 토끼는 줄어들고, 여우는 충분한 먹이가 준비되어 있기 때문에 많은 새끼를 길러낼 수 있으므로 그 수가 늘어난다. 그러나 여우의 수가 너무 증가하면 토끼를 거의 다 잡아먹어서 더는 쉽게 토끼를 발견할 수 없다. 결과적으로 먹이를 잡아먹을 수 없는 여우는 줄어든다. 여우의 수가 줄면 천적과 조우하지 않게 된 토끼는 늘어난다. 토끼가 늘어남으로써 다시 먹이가 풍족해진 여우는 재차 그 수를 늘린다. 이 반복으로 인해 토끼의 개체 수와 여우의 개체 수는 엇갈리게 증감하고 주기적으로 진동한다.

여기에 제시된 토끼와 여우의 진동 메커니즘 설명으로는 어디에서도 '것'이 '사물'화하는 과정 자체, 즉 창출 과정을 발견할 수 없다. 진동이라는 동적 과정의 어느 순간, 스냅사진에서 다음 순간에 토끼의 개체 수가 어떻게 변화하는지, 그 변화 과정은 토끼와 여우가 만날 확률 및 토끼끼리 만날 확률로 제어된다. 전자는 토끼가 먹혀 감소하는 효과를, 후자는 교배에 의해 토끼가 늘어나는 효과를 의미한다.

여기서 토끼의 개체 수 변화 양식은 미분방정식의 형태로 기계적으로 미리 주어진다. 여우에 관해서도 마찬가지다. 진동이라는 '것'은 개체 수의 변화 양식을 미리 결정할 수 있다는 형태로 완전히 '사물'화되고, '사물'화의 과정은 질문되지 않는다.

여우와 토끼의 개체 수에 관한 진동(것)을 미분방정식(사물)으로 미리 부여한다는 방법론은 무리 형성(것)을 동조 형식(사물)으로 미리 부여하는 보이드나 그 파생 모델의 방법론과 같다. 진동이나 무리 형성이라는 '것'을 미리 '사물'과 대응시켰기 때문에 또 하나의 사물·것의 양의성, 그리고 개체와 전체에 관해서는 개체의 자유라는 '사물'을 배제해버렸다.

한편 상호예기로 말미암아 회복되는 사물·것의 양의성은 무리 형성 내에 끊임없는 사물·것 분화 과정을 도입했다. '것'이 '사물'을 불러들여 실체화하고 '사물'이 새로운 '것'을 창출한다.

이 양상은 진동 현상에도 직접적으로 적용된다. 즉 진동을 형성하는 조건 내지 환경이라는 '것'이 등장함으로써 이제 새롭게 진동을 계속하기 위한 메커니즘(사물)이 이 국면에서 창출되고, 형성된 메커니즘은 새로운 관계성이 출현함으로써 여전히 진동하지만 이전과는 다른 진동을 반복한다. 관계성은 임기응변적으로 일회성을 갖는 것이지 끊임없이 유지되는 것은 아니다.

이 관계성의 동적 창출에 관해 토끼와 여우의 관계를 예로 생각해 보자. 토끼가 없어진다고 해서 단순히 여우와 토끼가 만날 확률이 줄어드는 것은 아니다.(만약 그럴 뿐이라면 진동원문은 '것'으로 적고 있다은 미리 '사물'화되어 있다.) 어떤 경우에 여우는 다른 먹이, 예컨대 곤충 등을 먹고 어떤 경우에는 자신의 몸을 작게 해서 에너지 섭취량을 줄여 먹이 부족을 극복하려고 한다.

물론 토끼가 줄어든 이상 여우가 크게 번성하기를 바랄 수 없고 대국적으로 여우의 수는 줄어든다. 그러나 줄어드는 방식의 원인이나 효과는 그때그때 변화하고 결과적으로 같은 진동을 계속하면서, 메커니즘은 끊임없이 변화한다. 물론 토끼에 관해서도 마찬가지다. 개체 수가 너무 불어났을 때 유산율이 올라가는 등 자기 억제가 작용하는 경우도 있고 풀뿐만 아니라 지금까지 먹지 않았던 나뭇잎까지 먹게 될지도 모른다.

이렇게 진동이 가진 임의의 국면에서 진동 메커니즘이 변화하고 계속 창출될 때 '것'과 '사물'의 분화 과정 자체는 진동 현상에 내재한다고 말할 수 있다.

남병정게 무리에서 볼 수 있는 진동

무리가 형성되고 붕괴함으로써 진동 메커니즘이 그때마다 변조되면, 개체 수가 증감함으로써 형성되는 진동보다 더 견고한 진동을 얻는다. 나는 남병정게 무리로 그러한 시계를 만들어보겠다고 생각하기에 이르렀다.

진동 현상에 특별히 신기한 점이 있는 것은 아니다. 오히려 생물학에서는 식상한 듯하다. 그러나 진동 형성 메커니즘 자체가 불안정하고 끊임없이 수정되고 생성된다면 그러한 시계는 말하자면 끊임없이 자율적으로 수리修理된다. 따라서 불안정한 환경에서도 붕괴하다가 자연히 회복되며 진동을 반복할 것이다.

그리고 무엇보다도 진동 현상을 자명하다고 생각해 '것'을 '사물'화하는 일이 현상을 이해하는 길이라고 생각하는 연구자에게 일고의 여지를 줄 수는 있지 않을까. 그것이 첫 번째 동기였다.

처음 상정했던 시계는 모래시계처럼 두 개의 방을 좁은 통로로 이은 장치였다. 통로에는 물을 깔아서 수로로 만든다. 한쪽 방에 넣은 남병정게는 곧 무리를 만들고 움직이기 시작할 것이다. 처음에는 밀집도가 낮아 수로를 건널 수 없지만 꾸물꾸물 움직이는 동안 밀집도가 증가해 단번에 수로를 건널 것이다. 다 건넜어도 또 다른 쪽 방에 들어간 게는 다시 산개해서 무리가 형성되기까지 시간이 걸린다.

이리하여 재차 높은 밀집도를 실현한 무리는 다시 수로를 건넌다. 이것이 반복되어 구축되는 시계는 진동의 근본적 원인이 되는 도하(수로이긴 하지만) 조건(높은 밀집도의 무리)을 저절로 창출하고 수로를 건너서 이 조건을 파기하기를 반복한다. 즉 '것'의 '사물'화, '사물'에 의한 '것'의 현전을 반복한다고 예상된다. 나는 물에 들어가지 않는 장치를 대조 실험으로 하고, 실험계를 설계했다.

실험을 담당해준 니시야마 쇼타 군은 남병정게를 후나우라 항의 개펄에서 채집해 류큐琉球대학 열대연구센터 실험실로 가져간 뒤 장치에 넣어 실험을 수행했다. 그러나 자연환경과 다른 조건하에서는 게의 움직임이 꽤 달랐다.

그들은 평온한 상태를 유지하지 않고 자연환경에서는 기피하던 물에도 아무렇지 않게 들어가버렸다. 단, 바로 무리가 되어 이동하기 때문에 두 방 사이를 진동적으로 왕래했다. 그것은 물을 제거한 대조 실험계에서도 마찬가지였다.

그래서 니시야마 군은 좁은 통로를 넓혀서 전체를 타원형으로 만들었지만 그래도 남병정게는 불완전한 무리를 이루며 타원의 양단을 왕래했다. 장치를 약간 변경했고, 좀더 간단해졌지만 당초 상정한 '진

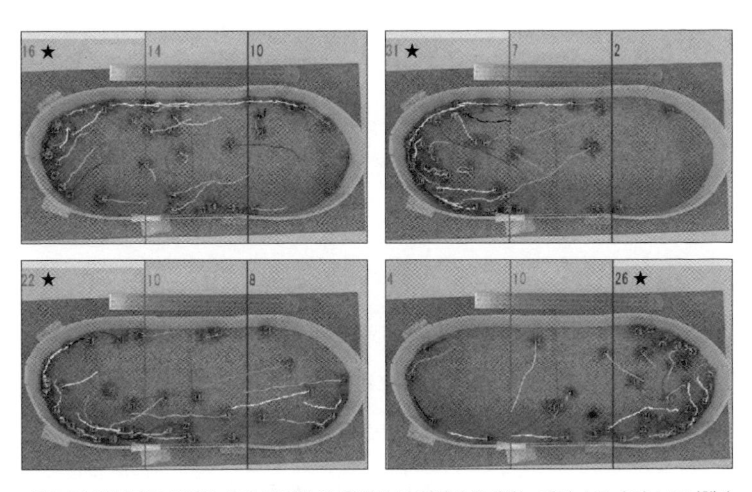

그림4-7 남병정게로 구현한 시계. 장치를 3분할해서 각 영역에 존재하는 개체 수를 숫자로 표시했다. 가장 많은 개체가 존재하는 영역을 ★로 표시. 게 개체에 동반되는 곡선은 게 개체의 운동 궤적이다. 시간은 왼쪽 위→오른쪽 위→왼쪽 아래→오른쪽 아래 순서로 진행한다.

동 형성 조건이 자발적으로 생성, 해체되고 조정된다'는 양상은 이 게 시계에게 본질적임을 알 수 있었다.

이 장치에서 남병정게가 보이는 행동을 **그림4-7**에 나타냈다. 벽은 골판지와 같은 속이 빈 구조를 가진 비닐판으로 만들었고, 장치 밑면은 게 다리가 미끄러지지 않도록 코르크판으로 만들었다.

각각의 사진은 스냅사진이지만 각 개체의 운동 궤적도 같이 표시했다. 시간은 왼쪽 위, 오른쪽 위, 왼쪽 아래, 오른쪽 아래 순서로 진행한다.

남병정게는 대체로 벽을 따라 이동한다. 벽이 직선 모양인 곳에서는 벽을 따라 직진하고 주위 개체와 같은 방향으로 진행한다. 그러나 조금이라도 벽에서 벗어나면 반대측 벽이나 진행 방향을 따라 앞에 위치하는 만곡부로 질러가버린다.

따라서 결과적으로 진행 방향으로 느슨하게 늘어진 무리가 재빨리 이동하게 된다. 장치 끝 만곡부에 무리의 선단이 도달하면 무리는 일단 이동하기를 멈추고 그 장소에 체류한다.

그사이에 늦게 온 개체가 합류해서 경우에 따라서는 벽을 따라 경로를 질러간다. 이렇게 이곳저곳에서 체류하던 무리가 여러 방향에서 합류해, 만곡부에서 정체하던 무리는 커진다. 크게 성장한 시점에서 무리는 재차 재빨리 주변을 따라 다른 쪽 끝으로 이동한다.

중요한 점은 벽이 직선 모양으로 뻗어 있을 때 남병정게는 이를 따라 이동하고, 벽이 휘어 있을 때 소수의 무리는 정체해버린다는 점이다. 즉 만곡부에서는 늦게 온 개체를 불러들여 무리의 밀도가 충분히 높아지기까지 기다린다. 물론 이것은 기다리는 것이 아니고 무리가 충분히 커지지 않는 한 무리 전체가 한 방향으로 이동하는 구동력을 가질 수 없다고 생각하는 쪽이 타당하다.

이리하여 무리는 한쪽 끝에서 다른 쪽 끝으로 재빨리 이동하고 끝에서 무리가 성장하기를 기다려 어느 단계가 되면 다시 급하게 다른 쪽으로 이동한다. 그것은 실로 진동(을 위한 무리의 이동)이라는 '것'의 발동 조건이 성립되기를 기다렸다가 성립한 순간(이게 바로 '것'의 '사물'화다)에 무리의 이동을 실현하고 그 직후 재차 무리가 해체하는 미분화적 '사물'과 '것'의 분화·탈분화 과정이 부단히 계기함을 의미한다.

그림4-8은 남병정게의 시계가 보여주는 주기진동 그래프다. 3분할된 장치의 영역(왼쪽, 중앙, 오른쪽) 각각에 존재하는 개체 수를 그래

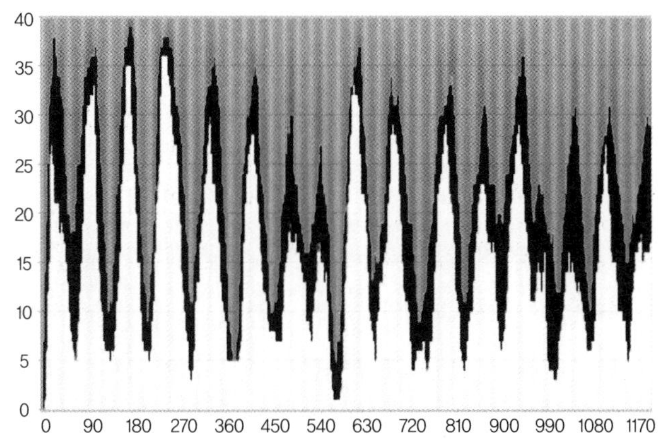

회색 : 영역 2(왼쪽), 검은색 : 수로(중앙), 흰색 : 영역 1(오른쪽).

그림4-8 남병정게 시계가 보여주는 주기진동. 세로축은 3분할된 각 영역에 존재하는 게의 개체 수. 가로축은 시간으로 단위는 ×3초, 장치에 투입된 개체 수는 40마리다.

프 위에서 아래 순서대로 그렸다. 중앙 영역을 나타내는 띠가 항상 좁은 것은 게가 중앙 영역을 통과할 때 무리가 진행 방향으로 크게 늘어서버려 중앙 영역에 머무르는 개체 수가 전체의 극히 일부에 지나지 않는다는 사실을 나타낸다.

좌우의 영역을 나타내는 상하의 띠가 크게 성장한 것은 장치에 투입한 개체 대부분이 한쪽 영역에 모이기까지 무리가 정체하여 움직이지 않는다는 사실을 나타낸다. 이리하여 대략 주기적인 진동이 두세 시간 정도 이어지고, 이윽고 남병정게는 장치 전체에 산개하여 골고루 분포해서 무작위로 돌아다니게 된다.

그림4-8 그래프의 가장 아래 띠에서 산이 크게 성장하지 않고 두 개의 봉우리로 나뉜 것은 장치의 오른쪽 끝에 무리 전체가 모이기 전에 재차 무리가 왼쪽으로 이동했음을 의미한다. 또 개체 수의 변동만으로는 알 수 없지만, 장치의 내벽에 따라 시계 방향으로 무리가 회전했다가 반시계 방향으로 변화하는 등 회전 방향의 변화도 확인할 수 있었다. 단 회전 방향의 변화는 빈번하게 나타나는 것이 아니라 한 방향의 회전이 길게 계속된 뒤 돌연 역방향으로 변화하고 그것이 길게 계속되는 식으로 변화한다.

진동이라는 사건의 조건을 저절로 마련해서 무리가 이동하고 조건이 성립한 환경이 무너지면 재차 조정한다. 게 시계의 이 동향은 상호예기 모델로 직접 시뮬레이션할 수 있고 그 행동은 그림4-9처럼 나타낼 수 있다.

여기서는 이전에 제시한 남병정게 모델(그림3-7)의 규칙에 더해서

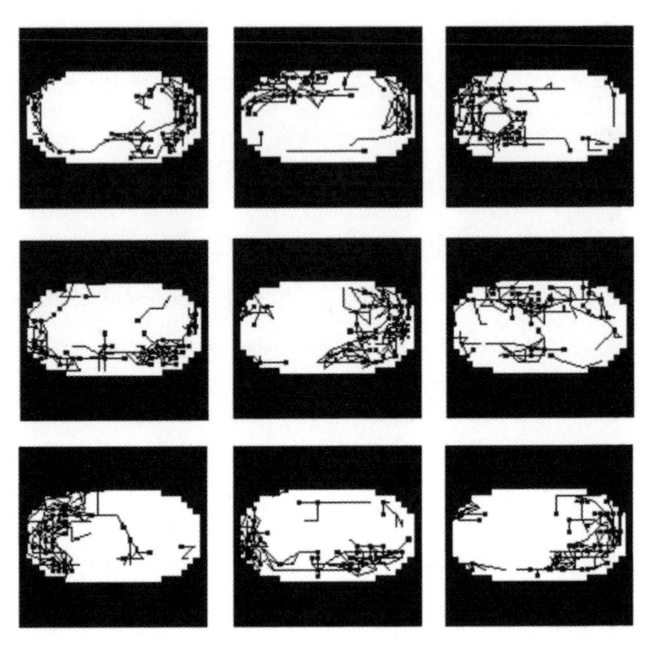

그림4-9 상호예기 모델로 시뮬레이션한 게 시계의 행동. 각 개체는 검은 사각형으로 표시되고 과거의 궤적을 꼬리처럼 동반한다. 시간은 왼쪽 위에서 오른쪽 위로, 왼쪽 중단에서 오른쪽 중단으로, 다시 왼쪽 아래에서 오른쪽 아래로 진행한다.

벽 부근에서는 벽을 따라 걷는다는 규칙을 도입했다. 즉 각 개체는 기본 속도를 중심으로 주어진 변이각의 범위에서 복수의 가능적 천이를 갖는다.

개체가 벽에 가까울 때 기본 속도는 벽에 평행하고 그 방향에 관해서만 주위의 개체와 맞춰진다. 벽에서 떨어져 있을 때, 기본 속도는 벽과 무관하게 개체 간에 동조된다. 기본 속도가 결정된 뒤 가능적 천이의 목적지에 관한 중복을 상호예기하고 비동기적으로 이동함으로써 충돌을 피하면서 이동한다.

따라서 직선 모양의 벽을 따르는 개체들의 소규모 집단은 벽을 따라 재빨리 이동한다는 것을 이해할 수 있다. 만곡부에 도달하면 벽을 따라 기본 속도를 결정하기 때문에 만곡부에 위치하는 개체는 여러 방향의 기본 속도를 갖는다. 그러므로 소수의 무리는 가능적 천이의 중복 때문에 무리 전체가 한 방향으로 진행할 수 없고 무리는 만곡부에서 정체한다.

만곡부에서 꾸물꾸물 꿈틀거리는 동안 후속하는 개체가 만곡부로 뒤따라와 무리는 크게 성장한다. 이리하여 상호예기의 작용만으로도 무리는 한 방향으로 움직이려 하면서 직선부를 이동한다.

단 벽에서 떨어진 개체는 자유롭게 이동해버리기 때문에 벽 가장자리의 개체만이 재빨리 움직여 무리는 전체로서는 잘 모이지 않고, 진행 방향으로 늘어선다. 그림4-9를 보면 이상의 행동이 특징적으로 나타난다는 것을 이해할 수 있다.

장치의 양단, 만곡부에 무리가 도달해 있을 때는 거의 집단 전원이 그 장소에 위치하고 극히 소수의 개체가 다른 위치에 존재함을 알 수 있다. 한쪽 만곡부에서 다른 쪽 만곡부로 이동할 때는 무리 전체가 진행 방향에 따라 신장하며 조금씩 이동한다는 것, 나아가 이동에 지름길이 있다는 것 등을 확인할 수 있다. 이것들은 실제 남병정게 시계에서도 특징적으로 확인된 움직임이다.

상호예기 모델에서 생성되는 진동을 나타낸 것이 그림4-10이다. 그래프를 보는 방법은 그림4-8과 같다. 상하 두 개의 띠(회색과 흰색)가

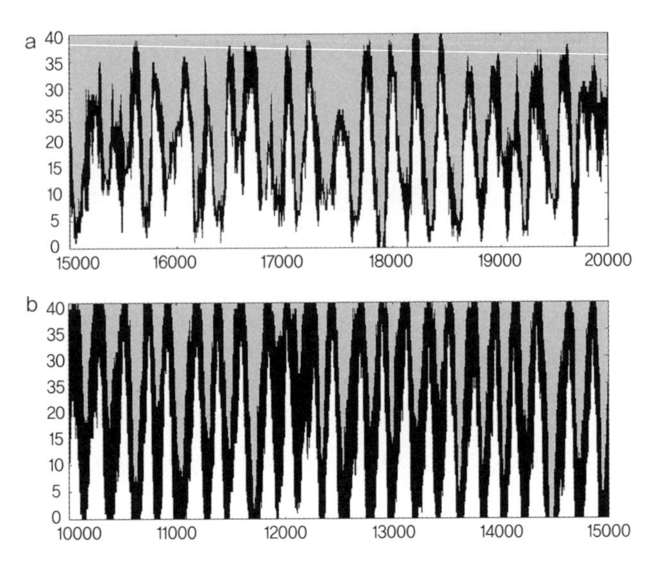

그림4-10 상호예기 모델을 통 모양 장치에 넣었을 때 출현하는 주기 진동. 실제 남병정게 시계 실험과 마찬가지로 장치를 3분할해서 왼쪽·중앙·오른쪽 영역의 개체 수를 그래프 위에 순서대로 늘어놓았다. 가로축은 시각 단계. 개체 수는 40. 그래프 a와 b의 차이는 가능적 천이 수(P)의 차이로 a는 P=4, b는 P=35다.

장치를 3분할한 양단 만곡부에 존재하는 개체 수를 나타내고 중앙의 검은 띠가 장치 중앙부에 존재하는 개체 수를 나타낸다.

두 진동시계열 a, b의 남병정게 모델에서 가능적 천이의 수만이 파라미터로서 다르다. 즉 각 개체가 상호예기할 때 a에서는 가능적 천이의 중복이 어렵고 b에서는 쉽다. 결과적으로 a에서는 조밀하게 뭉친 무리가 전체로서 하나의 방향을 명확히 잡기가 어렵고 b에서는 쉽다. 그러므로 a에서는 만곡부에 머물렀던 집단이 무리가 되어 이동하기까지 걸린 시간이 직선부를 이동할 때의 시간에 비해 더 길다.

만곡부에 정체하는 시간의 길이는 a와 b를 비교해도 a 쪽이 길다는 것을 알 수 있다. 만곡부에서는 정체하고 직선부에서 조금씩 빠르게 이동하는 행동은 흰색이나 회색 띠가 시간 방향으로 길게 연속되고 직선부의 이동을 나타내는 검은 띠가 좁은 것을 보면 이해할 수 있다.

이에 비해 b에서는 만곡부의 정체가 짧고 검은 띠가 굵다. 여기서는 조밀하게 덩어리가 된 무리가 장치 안을 회전함으로써 주기적 진동을 얻는 것으로 이해할 수 있다. 단 b에서도 무리가 붕괴해서 무리의 성립 조건을 만족하기까지 무리의 이동이 정체되는 일이 있고, 그 결과 회전 방향이 돌연 변화하거나 주기 변조가 출현한다.

이렇게 해서 별반 신기하지도 않은 진동 현상에서 '진동의 조건을 저절로 조정하여 성립시켜 진동을 실현하고 그 뒤 조건이 무너지면 재차 조건 성립을 모색한다'는, 좀더 동적인 진동 메커니즘을 발견할 수 있었다.

무리를 실현하는 상호예기 과정 자체에 미분화적 수동과 능동, 즉 미분화적 '사물'과 '것'이 내재하며 '사물'과 '것'의 분화 및 융합을 반복한다. 결과적으로 실현되는 동적인 무리는 특정 환경 조건(남병정게를 넣은 타원 형태의 용기), 무리라는 층위에서 '사물'과 '것'이 분화 및 융합하는 과정을 반복한다.

동적인 단위가 출현하고 다시 고차 계층에서 동적인 단위를 창출한다. '사물'과 '것'의 분화 및 융합 과정은 계층 구조의 기원을 설명하는 것이기도 하다.

17장 무리의 신체

스케일프리 상관은 있는가

독자는 제2부에서 찌르레기 무리의 신체성이라는 문제가 스케일프리 상관이라는 현상으로 논의되었던 것을 기억하는가. 남병정게 무리에서도 같은 스케일프리 상관은 발견될 것인가. 또 그것은 상호예기 모델로 설명할 수 있을 것인가. 이 장에서는 이것들에 관해 기술해보자. 여기서 얻은 연구 성과는 연구실 대학원생인 무라카미 히사시 군과 수행한 공동연구이며, 계산은 대부분 그가 담당했다.

스케일프리 상관을 조사하기 위해서는 본래 여러 크기의 무리 데이터를 모아야 한다. 게다가 각각의 무리에서 개체 식별을 하고 각 개체의 운동을 추적해야 한다. 전술했듯이 이것을 실현하기 위해 공동연구자인 도다 마사시 씨가 채용한 방법은 개펄 표면 바로 위 70센티미터 정도의 위치에 비디오카메라를 설치해 연속해서 공간을 촬영하는 것이었다.

이렇게 촬영되는 공간의 크기는 1미터×2미터 정도의 장방형 구간에 지나지 않는다. 이러한 촬영 장치를 간조로 개펄 표면이 드러나기 전에 설치해두고, 그다음 그 바로 아래로 남병정게 무리가 통과해 오기를 기다렸다.

물론 광대한 개펄 어디에서 게가 출현할지 사전에는 거의 알 수 없다. 또 그 출현은 기상에 좌우되어 바람만 강해도 게는 모래진흙에 파고든 채 나타나지 않는다. 그렇다 보니 크기가 다른 수많은 무리의 데이터를 수집하기가 극히 어려웠다.

그래도 복수의 무리에 관한 데이터를 수집할 수는 있고, 상대적인 위치 정보(상대거리)를 갖고 스케일프리한 신체가 존재하는가 아닌가는 평가할 수 있었다. 그것을 다음과 같이 나타냈다.

우선 무리의 화면을 단위시간 폭을 적당하게 정해 스냅사진으로 분할하고 두 연속되는 화상에서 개체의 단위시간당 이동 분포를 구한다(그림4-11). 찌르레기 무리의 예로 기술했듯이 이 화살표의 평균을 구한 뒤 평균과 개체의 차이를 개체마다 구하고 각 개체의 위치에 배치한다. 이것이 방향까지 고려한 요동—이것을 요동 벡터라 한다—의 분포가 된다.

이것으로 거리의 함수인 상관함수를 구한다. 거리를 정해놓고 각 개체가 나타내는 요동 벡터에서 그 거리만큼 떨어진(물론 오차 범위를 동반하는) 다른 개체의 요동 벡터와 내적을 취한다. 같은 거리만큼 떨어진 개체(요동 벡터)는 예컨대 오른쪽뿐만 아니라 왼쪽에도 있을 것이다. 그러므로 같은 거리만큼 떨어진 모든 요동 벡터와 내적을 취하

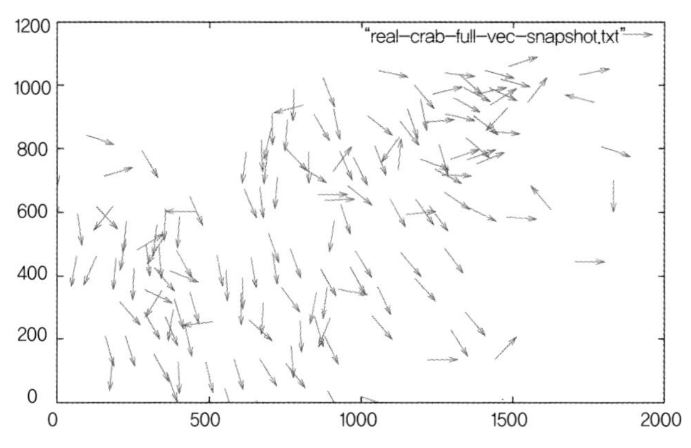

그림4-11 실제 남병정게 무리에서 추출한 개체의 이동. 각 개체의 단위시간당 이동이 화살표로 제시된다.

고 그것들의 평균을 취한다. 이것이 그 거리에 대한 상관함수의 값이다. 내적이란 두 벡터 방향의 정향성을 평가하는 것으로 방향이 맞춰져 있을수록 커진다.

이리하여 얻은 실제 남병정게 무리의 상관함수가 **그림4-12** 왼쪽 위에 있는 그래프다. 가로축은 거리, 세로축이 상관함수의 값이다. 거리가 0일 때에는 자기 자신과 방향이 같은 상태를 보므로 상관함수는 최대가 된다. 거리가 커질수록 상관함수는 작아지고 특정 거리에서 그 값은 0이 된다. 찌르레기의 스케일프리 상관에 관해 기술하며 논했듯이 상관함수가 0이 되는 거리—이것을 상관길이라 부른다—가 통계적인 상관영역의 크기를 의미한다.

즉 이 무리에서 요동 벡터가 강한 상관을 갖는 상관영역의 평균적

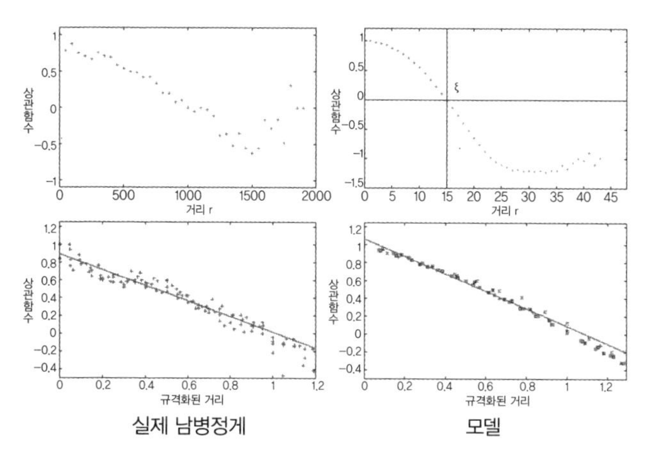

그림4-12 실제 남병정게(왼쪽 열) 및 상호예기 모델(오른쪽 열)에서 상관함수(위쪽)와 규격화된 거리에 관한 상관함수(아래쪽)의 예.

크기는 상관길이로 평가할 수 있다.(그림4-12 오른쪽 위에서는 거리 ξ가 상관길이를 의미한다.)

그렇게 얻은 상관길이와 무리 크기의 관계를 조사하면 직접 스케일프리 상관의 유무를 판단할 수 있지만 전술했듯이 데이터로 얻은 무리의 수가 많지는 않다. 그러므로 이번에도 찌르레기로 분석했듯이 거리를 무리의 크기로 나눈 규격화된 길이에 관해 상관함수를 나타내보자.

찌르레기의 경우 규격화된 거리에 대해 상관함수는 선형관계(직선으로 제시된다)가 된다. 남병정게의 경우도 선형관계를 얻고 찌르레기의 경우와 같은 기울기를 갖는다는 것을 알았다(그림4-12 왼쪽 아래). 즉 남병정게에서도 무리 내에서 강상관 영역이 점하는 상대적 크기는 일정한 스케일프리 상관을 확인할 수 있다.

무리의 크기와 상관거리

같은 해석을 상호예기를 기초로 한 남병정게 모델로 실행해보자. 주어진 하나의 무리에 대해 요동 벡터의 분포를 사용해 하나의 상관거리를 구한다. 그러면 그림4-12 오른쪽 위와 같은 상관함수를 얻고 상관거리 ξ를 구할 수 있다. 어떤 크기의 무리에 대해 거리의 함수인 상관함수가 결정된다.

이렇게 해서 다른 크기를 갖는 무리의 상관함수를 각각 구하고 규격화된 거리에 대해 상관함수를 나타낸 것이 그림4-12 오른쪽 위다.

이 모델의 결과도 찌르레기의 규격화된 거리에 관한 상관함수와 같은 기울기를 가진 직선이 되었다. 그림4-12 왼쪽 아래와 오른쪽 아래 그래프를 비교하면 양자가 같은 기울기를 가진 같은 직선으로, 상관함수가 크기에 상관없이 같은 위치 정보를 줌을 알 수 있다. 자신과 거리가 가까워지면 상관이 강하지만 떨어질수록 상관은 약해진다.

단, 이 상관의 변화에 의미가 있는 거리는 절대적인 것이 아니라 무리의 크기에 의존한 상대적인 것이다. 30미터 정도 크기의 무리에서 거리가 10미터 떨어지면 상관이 사라진다고 하자. 만약 상관함수에 의미 있는 거리가 절대적인 것이라면 300미터의 무리도 상관이 사라지는 거리는 10미터다. 그렇지만 300미터의 거대한 무리에서는 상관함수가 0이 되는 거리가 100미터가 된다. 상관함수의 변화 양식을 정하는 거리는 상대거리인 것이다.

현실의 동물 무리와 달리 계산기 내의 시뮬레이션은 어떠한 크기의 무리 데이터로도 취할 수 있다. 그러므로 상호예기를 기초로 둔 남병정게 모델을 사용해 무리의 크기와 상관거리의 관계를 조사해보았다(그림4-13).

이것을 보면 상관거리와 무리의 크기가 선형관계를 가짐을 잘 알 수 있다. 게다가 이 선형관계는 무리의 크기가 대략 열 배가 되어도 성립한다. 강하게 상관하는 무리 내의 부분(상관영역)은 무리의 크기에 따라 같은 비율로 형성됨을 알 수 있다.

크기에 의존해서 상관영역이 상대적으로 결정되는 현상을 희화화해서 그린 것이 그림4-14 왼쪽 위에 제시한, 물고기 떼가 형성하는 '무리 물고기'다.

이 무리 물고기가 한 마리의 큰 물고기로서 헤엄친다고 생각해보자. 그를 위해서는 무리를 형성하는 개체가 기능적으로 분화하고 꼬

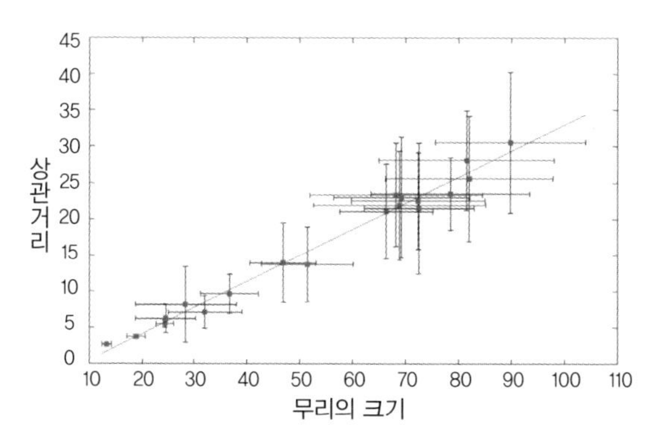

그림4-13 상호예기 모델에서 무리의 크기와 상관거리가 갖는 관계.

리지느러미에 위치하는 개체는 동시에 다른 개체보다 더 급격히 움직여야만 한다. 즉 꼬리지느러미에 해당되는 영역에 위치하는 물고기들이 강하게 상관하며 '무리 물고기'의 꼬리지느러미에 해당되는 영역이 강상관 영역이 된다.

'강상관 영역이 무리의 크기와 비례한다'는 것은 무리 지음으로써 한 마리의 거대한 물고기로서 형성되는 '무리 물고기'가 **그림4-14** 왼쪽 위와 같이 같은 비율을 가진다는 것을 의미한다고 생각할 수 있다.

스케일프리 상관이 '무리 물고기'와 같이 기능 분화한 전체를 의미

그림4-14 스케일프리 상관을 희화화한 무리 물고기(왼쪽 위). 기능적인 전체로서의 신체가 크기를 바꾼다는 것은 비행기 조종에 일단 숙달되면 비행기의 크기가 바뀌어도 자신의 신체처럼 자유롭게 조종할 수 있다는 것을 의미한다.

한다면 그것은 개체의 집단이라는 '사물'과 하나의 기능적 연관으로 이어진 전체라는 '것'을 양의적으로 갖는 '무리 물고기'의 신체를 의미한다고 말할 수 있지 않을까.

통상 우리는 자신의 신체를 바로 이곳에 있는 육체로, 크기를 바꾸지 않는 교환 불가능한 것으로 생각하기 쉽다. 그러나 제1부에서 기술한 고무손 착각이나 체외이탈감과 같은 신체의 변용은 육체와 무관한 단순한 주관적 착각이 아니다. 육체를 신체로 치환함으로써 생기는 어떤 종류의 오류가 아니다.

우리는 아기일 때부터 성장해서 훨씬 큰 육체를 갖는 데 이르며 작은 육체도 큰 육체와 마찬가지로, 하나의 자기 신체로서 다룬다. 바로 스케일프리한 신체를 다루고 있는 것이다.

점보제트기 조종도 소형기 훈련부터 시작한다

즉 '사물'과 '것'의 분화 및 융합을 계기하는 신체이기 때문에 스케일프리한 전체성이 개설된다고 생각해야 한다.

세포의 상호작용에 내재하는 사물·것의 미분화성은 '사물'로서 기능적으로 분화한 신체 부위를 형성하고 동시에 분화된 부위는 유기적·기능적으로 다른 부위와 결합해 '것'을 띤다. '사물'과 '것'의 양의성은 이와 같이 동적이고, 전체를 이루는 단위적 기관에서도 전체성을 담지하도록 형성된다. 그러므로 전체와 완전히 무관하게 부분이 존재하는 것이 아니라, 전체를 참조하는 형태로만 부분은 존재(생성)할 수 있다. 그것이 신체이고, 신체는 스케일프리성을 필연적으로 담지한다.

신체는 전체를 참조하면서 '사물'과 '것'의 분화를 실현하여 실현되고 유지되는 가운데 끊임없이 분화와 탈분화를 반복한다. 그러므로 신체는 크기를 바꿀 수 있다.

비행기 조종을 배울 때 처음에는 세스나Cessna와 같은 소형기로 훈련받는다. 세스나 조종에 숙달되어 자유롭고 익숙하게 탈 수 있게 되면 착륙할 때 주 바퀴다리가 접지하고 얼마나 머리를 들면 꼬리 바퀴다리가 접지할지 무의식중에 알 수 있다. 세스나 전체는 자신의 확장된 신체처럼 조종된다(그림4-14 오른쪽 위).

만약 소형기를 신체와 같이 자유롭게 다룰 수 있다면 그것은 특정 크기에 익숙해져 그 크기에 고유한 조종 기술을 획득한 것이 아니라 기체 전체를 참조해서 신체 감각을 기체에 잘 접착시켜 조종하는 데 익숙해진 것이다.

그러므로 이 조종 기술은 기체 크기와는 상관없다. 이리하여 세스나를 자유롭게 조종할 수 있는 사람은 점보제트기도 조종할 수 있다(그림4-14 아래). 신체와 같이 다룬다는 것은 크기에 상관없이 다룰 수 있다는 것이다.

신체가 본래 크기에 대해 갖는 자유로운 성격은 역사적 시간 내에서도 확인할 수 있지 않을까. 예컨대 다실은 원래 다다미 8첩 정도의 넓이였던 듯하다. 그것이 6첩, 3첩으로 작아졌고 최종적으로는 2첩까지 축소되었다. 이것은 차를 마시는 환경에서 신체가 작아졌기 때문은 아닐까.

신체는 세대나 개인을 넘어 크기를 바꾼다. 이 경우 다실 내에 앉아 있는 인간을 포함하는 전체가 바로 신체이고 그 일부의 강상관 영역이 바로 인간이며 신체라 말할 수 있을지도 모른다. 어디까지를 신체 전체로 규정할 것인지, 그 자유까지 포함하기 때문에 신체는 스케일프리한 기능적 전체라고 생각할 수 있다.

18장 남병정게 계산기

'계산'의 개념을 확장하다

동물의 개체 간 상호작용에 사물·것의 분화 및 융합 과정이 내재하기 때문에 특정한 '사물'—반半완성적 무리—이 용기 속에서 형성되고 주기진동을 시작한다. 그것은 진자와 같은 기계적 부위를 '사물'화, 탈'사물'화하는 반복이었다. 게 시계에서 진자(사물)는 생성과 해체를 능동적으로 반복한다. 그와 동시에 게 시계는 주어진 용기에 대해 수동적으로 회전한다고 해도 좋다.

한편으로 무리의 신체를 논의할 때 형성되는 '사물'은 강상관 영역으로서 무리 전체의 부분이었다. 여기서 전체로서의 무리, 곧 하나의 신체는 공간을 원리상 자유롭게 돌아다니게 되고 게 시계의 용기와 같은 속박은 없다. 운동에 기여하는 부위로서 강상관 영역은 좀더 역동적으로 형성된다. 따라서 형성되는 '사물'은 게 시계의 경우보다도 능동적으로(물론 상대적이다) 운동한다.

'사물'이 하나의 운용 양식에 맡겨져 기계적으로 운동하는 것을 수동적 운동이라 부르고 다른 것으로 사용되지 않고 자유롭게 운동하는 것을 능동적 운동이라 부른다면, 무리의 시계와 무리의 신체는 이 둘 각각에 대응하는 운동이라 생각할 수 있다. 이것들을 극단적인 예라고 하면, 그 사이에 위치하는 운동이라는 범주도 존재할 것이다. 즉 형성된 '사물'이 완전히 한 가지로 운용되거나 자유롭게 맡겨지거나 하는 것이 아니라 사용자(혹은 환경이나 문맥)에 의해 조작되는 운동이다.

사용자는 다양한 사용 의도를 갖지만 그 사용 의도에 따라 사용 환경이나 조건을 그때마다 바꾸고 운동을 적당하게 제어해서 '사물'을 조작한다. 이것이 넓은 의미의 계산이라는 운동일 것이다.

통상 계산이라는 개념은 '사물'이 존재하는 곳에서 출발한다. 이 장에서는 그런 것만이 아니라 '사물'이 생성되는 장도 포함해서 계산이라 부르는 개념을 확장하고자 한다. 게 무리를 이용하면 그것이 가능하다.

그러나 논의에 들어가기 전에 우선 주어진 '사물'을 조작한다는 의미에서 계산 개념에 관해 간단히 설명해두자. 종이와 연필, 지우개에 해당되는 도구가 있고 사용해야 할 기호가 결정되어 있다. 이렇게 주어지고 결정된 '사물'이, 결정된 처방전에 따라 조작하고 기호를 바꿔 써가는 과정이 계산이라 불리는 것이다.

바꿔 쓴다는 것은 처방전에 따라 완료할 수 있으며 이는 계산의 종료를 의미한다. 이러한 처방전, 바꿔 쓰기 규칙으로 계산이라 불리는 체재를 갖는 것은 튜링 머신이라 불리는 처방전으로 환원할 수 있다고 알려져 있다.

우리가 통상 사용하는 컴퓨터의 계산은 이진법에 기초한 계산이지만 이것도 역시 튜링 머신으로 환원할 수 있는 계산이다. 이진법에서 숫자는 0과 1뿐이므로 2가 되면 행이 하나 올라간다. 즉 1과 0을 더하면 1이지만 1에 1을 더하면 한 줄 올라가 10이 된다. 덧셈, 뺄셈, 곱셈, 나눗셈의 사칙연산은 모두 이진법으로도 써서 나타낼 수 있으므로 이진법 계산을 구현할 수 있다면 이른바 계산기가 생겼다고 해도 좋다.

나아가 이진법 계산은 논리연산으로 환원할 수 있다. 논리란 주어진 표현에 참이나 거짓의 진리값을 부여하는 것이고, 논리연산이란 논리연산 기호를 더한 표현에 대해 참 거짓을 결정하는 처방전이다.

가장 단순한 표현은 변수로, 문자 하나로 쓸 수 있다. 두 변수 x와 y를 논리연산 기호 OR로 이은 표현은 변수에 부여한 참, 거짓 값

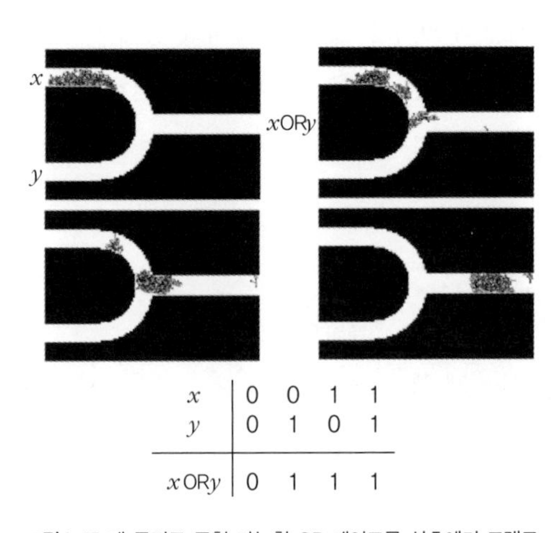

x	0	0	1	1
y	0	1	0	1
xORy	0	1	1	1

그림4-15 게 무리로 구현 가능한 OR 게이트를 상호예기 모델로 시뮬레이션한 결과. x와 y에 각자 1과 0을 입력했다. 시간은 왼쪽 위, 오른쪽 위, 왼쪽 아래, 오른쪽 아래 순으로 진행한다. 아래 표는 OR 연산의 진리표다.

에 의존해서 진리값을 바꾼다. 변수의 진리값 모두의 조합에 대해 그 것들을 포함하는 표현 전체의 진리값을 정의한 표를 진리표라 한다. 참을 1, 거짓을 0이라 하면 두 변수 x와 y에 대한 xORy의 진리표는 **그림4-15** 아래에 표기한 대로 정의된다.

그 외 AND 연산과 NOT 연산이 있으면 OR 연산과 조합해서 어떤 논리연산이라도 이 조합으로 환원할 수 있다(**그림4-16**). 즉 복수의 임의 개수의 변수를 갖는 모든 진리표는 AND, NOT과 OR을 조합한 표현으로 나타낼 수 있다.

이진법 덧셈도 이 연산들로 나타낼 수 있다. **그림4-16** 오른쪽 위에 제시한 덧셈을 첫자리 행과 다음 행으로 나눠 표시할 때, **그림4-16** 하단에 적었듯이 각 논리연산의 조합으로 나타낼 수 있음을 알 수 있다.

x	0	0	1	1
y	0	1	0	1
xANDy	0	0	0	1

x	0	0	1	1
y	0	1	0	1
$x+y$	0	1	1	10

x	0	1
NOTx	1	0

x	0	0	1	1
y	0	1	0	1
0 $(x+y)$	0	1	1	0
1 $(x+y)$	0	0	0	1

$$0\ (x+y) = ((\text{NOT}x)\ \text{AND}y)\ \text{OR}\ (x\text{AND}\ (\text{NOT}y))$$
$$1\ (x+y) = x\text{AND}y$$

그림4-16 AND 연산, NOT 연산 및 이진법 덧셈의 진리표. 덧셈에 관해 아랫줄 0$(x+y)$과 윗줄$(x+y)$을 나눠 쓰면 각 논리연산을 조합해 나타낼 수 있음을 알 수 있다.

'사물'이 준비된 곳에서 출발하는 논리연산이라는 계산 과정은 이상과 같다.

게 무리를 사용한 논리연산

이제 본래의 목적인 남병정게 무리를 사용한 논리연산 구현에 관해 기술하겠다. 무리의 존재 자체를 진리값으로서 사용하지만, 그것에 의해 구현되는 계산으로 '사물'이 주어지는 것은 아니다. 진리값이라는 상태가 '사물'화라는 과정을 포함하는 계산 과정이 되는 것이다. 그 의의에 관해서는 마지막에 기술하기로 하고, 우선은 논리연산을 구현해보자.

그림4-15에서 든 것이 OR 연산을 구현한 OR 게이트다. 논리 게이트란 변수에 부여되는 진리값이 입력되면 그 변수들과 논리연산 기호를 결합한 표현의 진리값이 출력되는 장치다. 전자회로에 입력되고 출력되는 것은 전기적 신호지만 여기서는 그것을 게 무리로 치환한다.

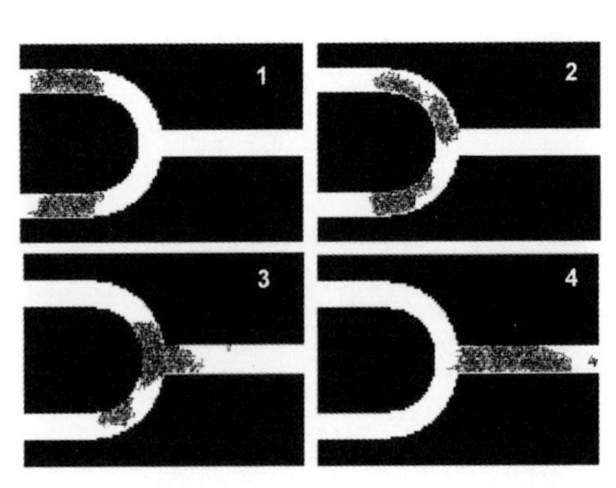

그림4-17 OR 게이트에서 두 개의 변수에 1과 1을 입력한 계산 결과. 무리가 출구에 도달하여 1이 출력된다. 흰 숫자는 시간 순서.

그림4-17은 게 무리로 구현할 수 있는 OR 게이트를 상호예기 모델로 시뮬레이션한 결과다.

남병정게의 천적은 새나 대형 물고기 등이다. 따라서 눈의 위치보다 높은 위치에 출현하는 그림자에는 민감하여 이것과 반대 방향으로 피한다. 이 습성을 고려해서 각 개체의 기본 속도를 최초에 오른쪽 방향으로 주었다.(즉 무리는 주성走性을 갖는다고 가정한다.) 또 게시계의 시뮬레이션과 마찬가지로 벽 가장자리에 있는 개체는 벽을 따라 걷는 경향을 갖는다는 조건을 더했다.

여기서 무리가 존재할 때의 진리값은 1, 존재하지 않을 때는 0으로 하고 무리를 준비한다. 이 OR 게이트의 왼쪽에 두 개의 변수, x와 y의 진리값을 입력하고 오른쪽에서 출력 xORy을 기다린다. 무리가 다가오면 출력은 참(1), 다가오지 않으면 거짓(0)이다.

그림4-15에서 제시한 시뮬레이션 결과는 변수 x에 1, y에 0을 입력한 것으로 1이 출력되었다. 입력 1과 0을 바꿔 넣었을 때, 게이트의 두 입구에 비대칭이 전혀 없으므로 역시 출력은 1이 된다. 즉 x에 0, y에 1을 입력한 경우도 출력은 1이다. 두 변수에 모두 0을 입력한다는 것은 무리를 어느 쪽으로도 준비하지 않았다는 것이다. 이 경우 아무리 기다려도 출구에 무리는 나타나지 않고 출력은 0이 된다.

그림4-17은 두 변수 양자에 1을 입력한 경우 OR 게이트의 동작을 나타낸 것이다. 교차점에서 두 무리는 융합하고 하나의 무리가 되어 출력된다. 결과적으로 진리값 1이 출력된다. 이리하여 모든 입력의 조합, 0과 0, 0과 1, 1과 0, 1과 1에 대해 출력값이 결정되고 그것이 OR 연산의 진리표와 일치함을 알 수 있다.

AND 게이트는 두 가지로 설계했다. 첫 번째는 물이 들어간 수로를

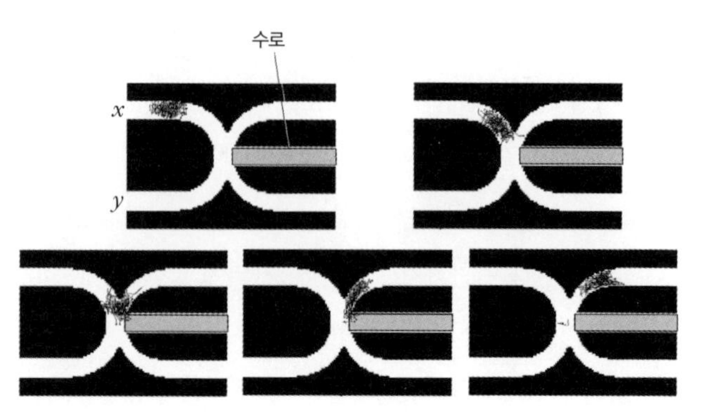

그림4-18 수로를 이용한 AND 게이트. 장치 오른쪽 중앙에 위치하는 사각형 영역을 수로로 만든다. 무리는 수로를 피해 오른쪽 위 방향으로 이동하여 출력구로 나가지 않는다.

사용하는 것으로 그 발상의 근거는 처음 설계했던 게 시계와 같다.

즉 작은 무리는 높은 밀도가 실현되지 않기 때문에 물에 들어가지 않지만 큰 무리가 되면 높은 밀도가 되어 물에 들어간다. 이 현상을 이용한다. 그림4-18에 제시했듯이 좌측에 두 입력구가 있고, 게 무리에는 주성이 있어서 오른쪽으로 이동한다. 벽을 따라 운동하는 경향이 있기 때문에 무리는 장치의 우측 중앙에 위치하는 수로로 유도된다.

여기서는 우선 x에 1, y에 0을 입력하는 경우의 계산 과정에 관해 기술하겠다. 이전에 기술했듯이 시뮬레이션에서 수로는 통상의 장소보다도 개체가 이동하기 위한 가능적 추이의 중복도를 높게 설정했다. 그러므로 수로는 다른 장소보다도 개체가 더 밀집되고 가능적 중복의 정도도 더 높아져야 비로소 침입할 수 있다.

그러나 AND 게이트의 입력구에 설정된 무리가 작은 무리이기 때문에 가능적 천이의 충분한 중복을 얻을 수 없고, 무리는 수로에 들어가지 않는다. 그러므로 그림4-18에 나타나 있듯이 무리는 수로를 피해 장치의 오른쪽 위로 이동한다.

그림4-19 수로를 이용한 AND 게이트에서 두 개의 변수, x와 y 양자에 1을 입력했을 때의 계산 과정. 진리값 1이 출력된다. 시간은 흰 숫자에 따라 진행한다.

AND 게이트의 출력구는 수로의 출구로 설정되었기 때문에 결국 수로에서 무리는 나타나지 않고 출력은 0이 된다. 1과 0을 바꿔 넣은 경우도 같은 결과를 얻으며, 0과 0을 입력한 경우에는 당연하게도 0이 출력된다.

그림4-19는 두 개의 입력을 모두 1로 한 경우 AND 게이트가 보이는 움직임이다. 두 무리는 주성과 벽에 유도되어 중앙의 교차점에 도달하고 융합해서 하나의 큰 무리가 된다. 큰 무리가 되어 움직이는 동안 가능적 천이의 중복이 높아져 수로로 침입한다. 이리하여 진리값 1을 출력한다.

이렇게 해서 입력된 모든 조합에 대해 출력이 한 가지로 결정되고 그 입출력의 대응관계가 **그림4-16**에서 제시한 AND 게이트의 진리표를 만족함을 확인할 수 있었다. 즉 AND 연산을 구현할 수 있었다.

AND 게이트의 설계

남병정게 논리 게이트를 생각하던 당시 나는 영국 브리스틀에 있었다. 통상의 연산 개념을 확장하려고 기획하고 있던 연구자 앤디 아다마쓰키에게 초대받아, 공동 연구를 위해 2개월간 그곳에 체재했다.

당초 우리는 둘 다 흔히 쓰이는 진성 점균을 이용한 지각 계산에 관해 연구를 진행하고 있었지만 아무래도 점균의 상태가 좋지 않았다. 그래서 브리스틀에 체재하기 전부터 쭉 살펴왔던 남병정게 무리로 논리 게이트를 만들어보았고, 잘될 것 같았으므로 그에게도 권유해 보았다.

그때 그는 시뮬레이션만이 아니라 실제 동물로도 실험을 해두는 쪽이 설득력이 있을 것이라고 말했다. 그래서 이리오모테섬에 체류하며 남병정게를 촬영하고 있던 니시야마 군에게 연락하여 무리 게이트를 실험하게 되었다.

게 시계와 마찬가지로 실험실에서 수로를 사용하는 장치에는 마음에 걸리는 구석이 있었다. 게의 움직임이 변화해서 작은 무리라도 수로에 침입할 것이라고 예상되었기 때문이다. 남병정게에서 주성을 기대할 수 있다면 게는 아무런 방해를 받지 않는 한 직진하고, 융합하면 속도가 평균화되어 진로를 바꿀 것이다. 이리하여 좀더 간단한 AND 게이트를 설계하여 니시야마 군에게 실험 설계를 보냈고, 이번에는 그의 분투가 시작되었다.

새로운 AND 게이트의 설계는 그림4-20과 같다. 그림4-20 a의 왼쪽 그림에 입력 변수와 출력 표현을 나타냈다. 장치 아래쪽에 변수 x

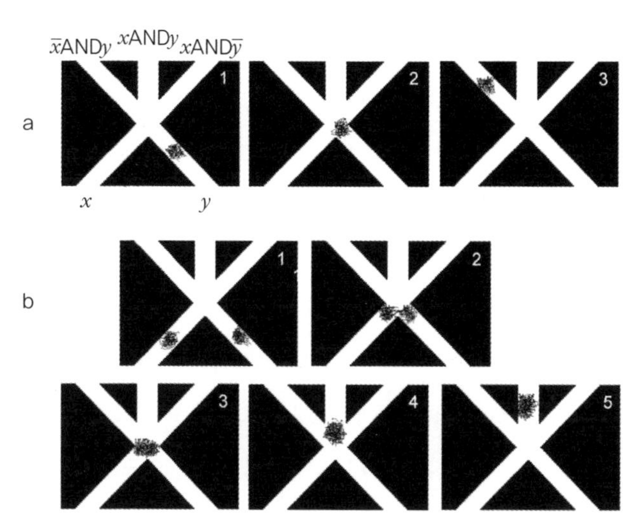

그림4-20 게 무리를 모방한 AND 게이트 모델의 시뮬레이션 결과. 흰색 숫자는 시간의 순서를 나타낸다. a: 왼쪽 그림에 입력구(아래 두 개)와 출력구(위의 세 개)를 나타냈다. 변수 x와 y의 입력에 대해 다른 출구에 무리가 출현했을 때, 그것은 표시된 표현의 진리값이 1이 된다는 것을 의미한다. 여기서는 x에 0, y에 1을 입력했을 때의 계산 과정을 스냅사진으로 나타냈다. b: 마찬가지로 x에 1, y에 1을 입력했을 때의 계산 과정.

와 y라는 입력을 준비했고 장치 위쪽에 각각 기술된 표현의 출력이 나타난다.(여기서 변수의 기호 x나 y 위에 막대가 있는 기호는 그 변수에 NOT 연산이 주어졌음을 의미한다.)

각각의 논리표현 출구에 무리가 출현할 때, 그 표현의 진리값은 1이 된다. 그림4-20 a에서는 입력구 y에만 무리가 주어져서, x에 0, y에 1을 부여한 셈이 된다. 무리는 직진하고 위쪽에 준비된 출구 중 왼쪽 출구에서 출현한다(그림4-20 a의 3). 그것은 표현 (NOTx)ANDy가 1이 됨을 의미한다.

실제로 x가 0이므로 NOTx는 그림4-16의 진리표에 따라 1이 됨을 알 수 있다. 변수 y의 진리값도 1이므로, (NOTx)ANDy의 진리값도 1이 된다는 것은 그림4-16에 제시한 AND 연산의 진리표로 용이하게 이해할 수 있다. 이때 장치 위쪽 중앙 출구에서 기다리는 한 무리는 나타나지 않는다. 즉 xANDy의 진리값은 0이 된다는 것을 알 수 있다.

그림4-20 b는 x에 1, y에 1이 부여된 경우 AND 게이트의 계산과정을 나타낸다. 두 무리는 장치 중앙의 교차점에 도달하면 융합하여 하나의 무리가 된다. 이때 벽에 따르는 것과 주성에 의해 형성되던 두 무리의 기본 속도는 융합함으로써 평균화되고 중앙으로 진행하는 방향을 지시한다.

가능적 천이는 기본 속도의 주위에 무작위로 분포하므로 각자의 개체가 가능적 천이가 중복되는 방향으로 움직일 때 각각 뿔뿔이 흩어진 방향으로 움직이지만 그 평균적 전체의 운동은 한 방향을 지시하고 무리 전체는 장치 위쪽을 향해 조금씩 움직인다. 이렇게 해서 xANDy의 진리값은 1이 된다.

이 AND 게이트는 변수의 한쪽에 입력되는 값을 1로 고정하고 이것을 장치의 일부로 생각할 때 NOT 게이트로서 사용할 수 있다. 항상 y에 1을 입력하면 (NOTx)ANDy는 (NOTx)AND1이 되고 그 표현은 NOTx로 치환할 수 있다.

진리표로 생각해보자. 변수 x에 0을 대입하면 (NOTx)AND1이라는 표현은 (NOT0)AND1로 치환된다. 진리값 0은 연산에 의해 1로 반전되므로, 문제가 되는 표현은 1AND1로 치환된다. 표현

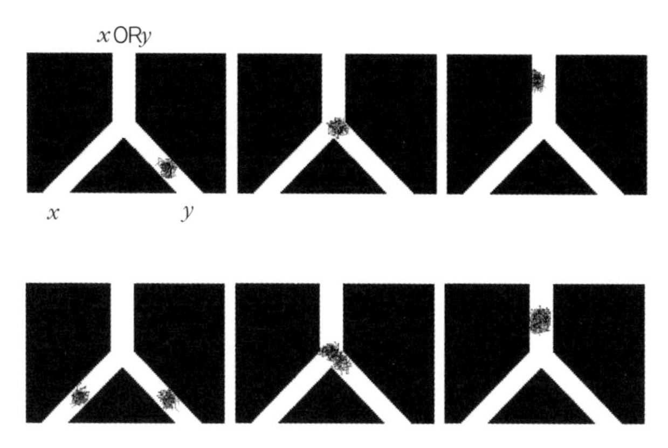

그림4-21 게 무리를 모방한 OR 게이트 모델의 시뮬레이션 결과. 상단은 0과 1을 입력한 계산 결과. 하단은 1과 1을 입력한 계산 결과.

1AND1의 진리값은 AND 연산의 진리표로 인해 1이 됨을 알 수 있다. 즉 (NOTx)AND1은 입력 0에 대해 1을 출력한다.

마찬가지로 1을 입력하면 0AND1을 얻고 0이 출력됨을 알 수 있다. 결국 0을 1, 1을 0으로 반전하므로, 이 게이트는 NOT 연산의 진리표를 구현한다고 말할 수 있다.

두 번째 AND 게이트와 마찬가지로 OR 연산에 관해서도 무리의 직진성을 이용해 게이트를 설계할 수 있다(**그림4-21**). **그림4-21** 상단에 나타나 있듯이 한쪽 입력구에 준비된 무리는 주성과 벽에 의해 유도되어 길을 따라 위쪽으로 이동한다.

오른쪽 아래에서 진행해온 무리는 벽의 좌측과 충돌한 뒤 벽을 따라 기본 속도에 맞춰 위쪽으로 진행하기 때문에 벽 좌측에 부착한 채 위쪽으로 진행한다. 이것에 비해 두 입력구의 양쪽에 무리를 준비한 경우에는 장치 중앙의 교차점에서 두 무리가 융합하여 그대로 위쪽으로 이동한다.

이 모습은 AND 게이트에서 두 무리가 충돌하는 경우와 같다. 이렇게 해서 그림4-21에서 제시한 게이트는 OR 연산을 구현하고 있음을 알 수 있다.

내적 요동과 무리의 형성

이상과 같이 설계한 게 무리를 이용한 논리 게이트는 대학원생인 니시야마 군이 실제로 실험했다. 그림4-22가 그 실험 장치다. 이것도 게 시계와 마찬가지로 골판지 모양 비닐판으로 벽을 만들고 바닥면은 코르크판으로 만들었다. 왼쪽 사진에서 문 안쪽에 보이는 작은 방에

그림4-22 실제 남병정게로 구현한 AND 게이트. 왼쪽 사진은 계산 개시 전, 오른쪽은 계산 개시 후. 개시 전에 문 저편의 작은방에 게 무리를 준비하고 개시하면 문을 열고 게를 위협하는 판을 세워 게를 전진시킨다.

남병정게 무리를 준비하고 오른쪽 사진처럼 문을 옮과 동시에 작은방 밖에 있는 게 위협용 판을 세웠다. 이것으로 작은방에 있는 게를 밖으로 몰아낸다.

이 AND 게이트는 어느 정도 예상대로 행동해주지만(그림4-23), 실험실에서 남병정게는 다소 안정을 잃고 무리로 잘 뭉치지 않았다. 이들을 안정시킬 방법을 궁리할 필요가 있었다.

'사물'인 진리값을 단순히 무리로 치환하는 것만으로는 의미가 없다. 오히려 다루기 힘들 뿐이다. 그러나 진리값이 단순히 '사물', 상태라는 것이 아니라 '사물'화라는 생성 과정을 내포한다는 점에 의미가 있다.

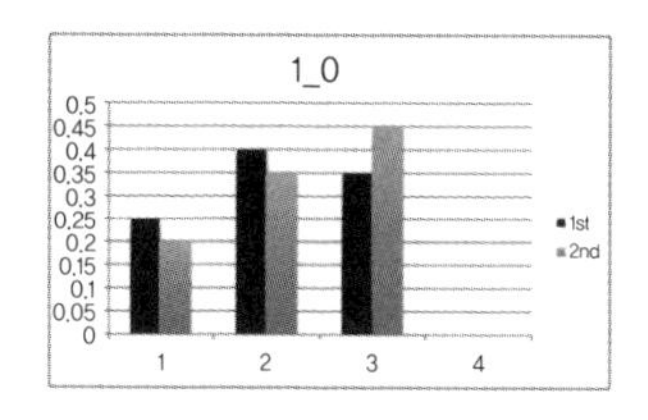

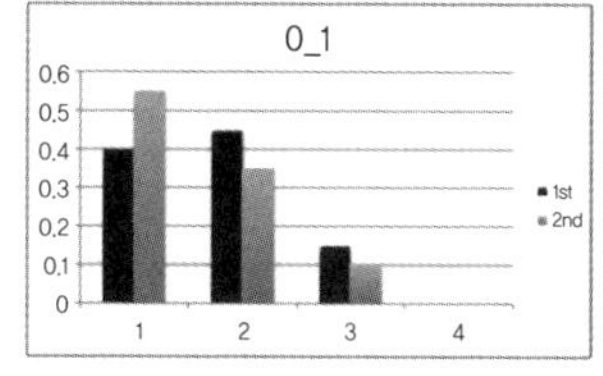

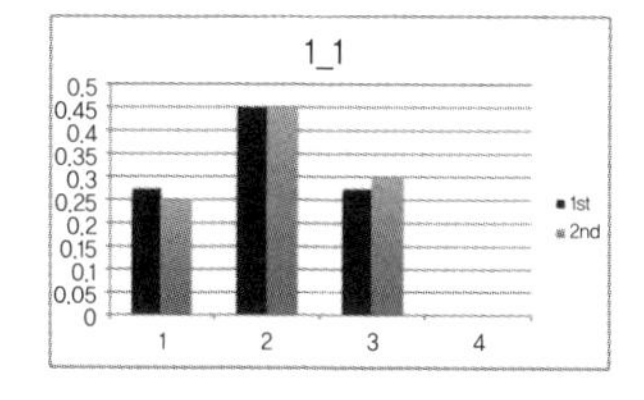

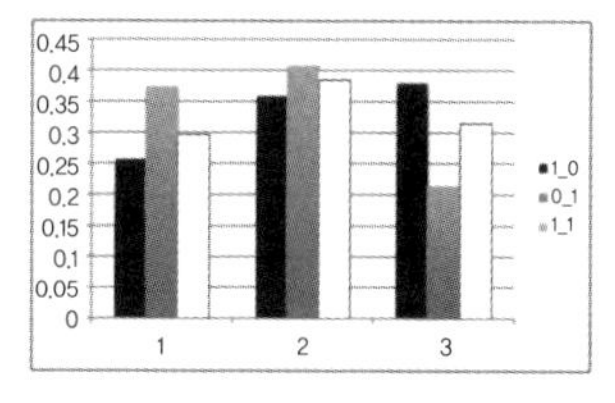

그림4-23 남병정게로 구현한 AND 게이트 실험 결과의 한 예. 입력을 1과 0, 0과 1, 1과 1로 했을 때, 어떤 출력구에서 나왔는지에 관한 빈도분포가 각각 위 왼쪽, 위 오른쪽, 아래 왼쪽 그림으로 왼쪽·중앙·오른쪽 막대가 출력 1, 2, 3으로 출력된 개체 수를 나타낸다. 회색과 흰색은 별도의 시행을 나타낸다. 아래 오른쪽 그림은 출력 1, 2, 3에서 나온 개체가 어떤 입력에서 유래했는가를 나타낸 빈도분포다.

진리값 1인 무리는 미리 존재하는 것이 아니고, 영겁의 미래에 걸쳐 안정되어 있는 것도 아니다. 입력구에 놓인 무리는 개체 간에 상호작용함으로써 서로를 예기하고, 이동하는 개체는 어떤 선택을 함으로써 '것'은 '사물'화한다. 이 '사물'화 과정이 바로 내적 요동—'사물'로서 개체의 자유—과 하나의 전체성—'것'—을 양립시킴으로써 성립하는 동적인 무리, 즉 '사물'이자 '사물'화다.

무리가 '사물'이자 '사물'화로서 현상하기 때문에 요동은 무리 형성에 적극적으로 사용된다. 각 개체가 갖는 가능적 천이의 다양성은 어떤 의미에서 내적인 요동이다.

다른 개체에서 독립한 개체는 가능적 천이에서 하나를 골라 운동한다. 그러므로 가능적 천이의 수가 많을수록 고립 개체의 운동은 흩어진다. 이 내적 요동이 가능적 천이의 중복을 가능케 하고 끊임없이 무리를 형성하며 유지한다. 그러므로 설령 외적 요동을 주어도 내적 요동과 구별되지 않고 가능적 천이 내에서 무리 형성에 적극적으로 기여한다.

이것을 상호예기 모델의 동향을 통해 살펴보자. 그림4-24는 AND 게이트에서 각 개체의 기본 속도에 외부로부터의 요동을 준 것이다. 그 결과 기본 속도에 동조하는 것은 사라지고 각 개체의 기본 속도는 여러 방향을 향하게 된다. 그럼에도 불구하고 무리는 붕괴하지 않고 유지된다. 물론 당초 주성에 의해 기본 속도의 정향성은 해소되기 때문에 무리의 진행 방향은 흐트러진다. 그 때문에 그림4-24에서 제시되었듯이 무리는 장치 내의 벽에 충돌하고 두 개로 분열하려고까지 한

그림4-24 외적 요동을 주었을 때 상호예기 모델의 동향. a: 두 무리를 입력하면 충돌해서 하나의 무리가 된 뒤(왼쪽), 모퉁이에 모여든다. b: a의 오른쪽 그림 직후 무리의 동향. 시간은 왼쪽에서 오른쪽으로 진행한다. 모퉁이에 몰려 있던 무리는 그 뒤 회복하여 올바른 궤도로 돌아간다.

다. 그러나 분열은 상호예기 작용으로 회피할 수 있고 하나의 무리를 재형성해서 AND 게이트에서 기대되는 궤도로 돌아간다.

요동에 약한 무리, 강한 무리

'사물'과 '것'을 대립도식으로 구상하는 보이드나 그 파생 모델에 의해 형성되는 '무리' 계산기는 어떠한 움직임을 보일 것인가. 이미 남병정계 무리 모델은 상호예기에 동조의 속도까지, 보이드의 모든 규칙을 만족한다.

그러므로 가능적 천이가 기본 속도 단 하나일 때, 역으로 상호예기는 없어지고 모델은 보이드와 일치한다. 이 무리를 사용해서 AND 게이트를 구축하는 것은 물론 가능하다. 단 이 보이드형 모델에 요동을 준 경우, 속도 동조가 흐트러짐으로써 AND 게이트는 오작동을 일으킨다.

두 무리를 입력한 경우 보이는 움직임의 한 예를 그림4-25로 나타냈다. 한쪽 무리는 요동으로 인해 벽과 충돌해서 벽 가장자리에 정체해버리고 다른 무리는 일단 속도를 낮추면서도 직진한다. 벽에 정체하던 무리도 벽에서 벗어나 이동을 시작하지만 많은 개체는 직진하기 때문에 기대하던 진로로는 나아가지 않는다.

그림4-25와 같은 예는 결코 예외적인 것이 아니며 일반성이 높다. 즉 속도가 동조함으로써 형성·유지되는 무리는 극히 불안정하며 외적 요동이 존재하는 환경에서는 즉시 붕괴해버린다.

따라서 무리를 진리값으로서 사용해 논리 게이트를 구현하려는 계획은 잘 풀리지 않게 되어버렸다. 이것은 열린 환경에서 사용 가능한 계산기를 제작하려 하는 이에게 매우 시사적이다. 오작동이 거의 없이 항상 같은 움직임을 보이는 계산을 위해서는 계산 담체擔體가 안정적일 필요, 이른바 '굳은 것'일 필요가 있다고 생각한다. 어떻게

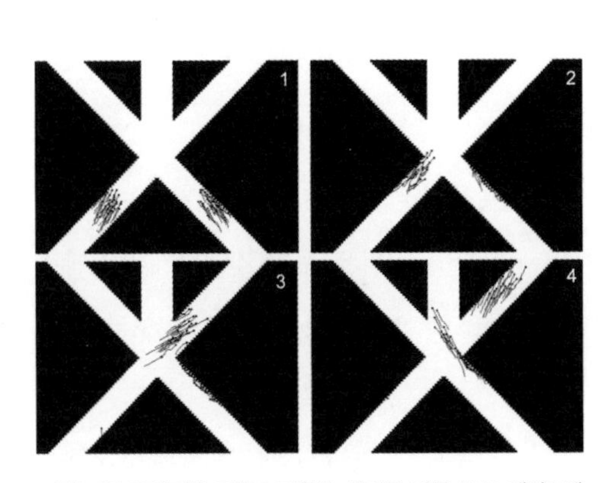

그림4-25 보이드형 모델로 구현한, 무리로 만든 AND 게이트에 외적 요동을 준 경우 보이는 움직임. 두 무리는 융합하지 않고, 기대되는 진로를 취하지 않는다. 그 결과 두 변수에 함께 진리값 1을 주었음에도 불구하고 진리값 0이 출력된다.

다루어도 제어할 수 있는 '사물'이야말로 안정적인 계산을 실현하리라고 기대할 수 있기 때문이다.

그러나 보이드적인 무리(사물)는 평온한 환경에서는 잘 작동하지만 불안정한 환경이 되면 즉시 무너진다. 불안정하고 요동투성이인 환경에서는 역으로 요동을 이용해서 끊임없이 동적으로 생성되는 '사물'(사물화)이 바로 효과적인 계산 담체가 된다. 굵고 장대한 떡갈나무는 약한 바람에는 끄떡도 하지 않지만 태풍 정도의 강풍이 되면 뿌리째 넘어질 위험이 있다. 버드나무와 같은 유연한 수목은 끊임없이 흔들리지만 강풍에는 강하다.

동적인 무리라는 계산 담체는 미리 만들어져 있는 하나의 안정적인 구처럼 보이지만 실은 끊임없이 해체, 수정, 생성되면서 하나의 구인 듯 행동한다. 끊임없이 생성되기 때문에 외적 요동에 의해 눈에 보이는 형태로 붕괴되어도 자율적으로 수정되고 생성된다. 그러므로 불안정한 열린 환경에서 유효한 계산기가 될 수 있다.

이상의 논의를 정량적으로 보여주는 것이 그림4-26이다. 여기서는 상호예기가 실효적인 무리 모델로 구현된 경우의 AND 게이트와 보이드형 무리 모델로 구현된 경우의 AND 게이트의 퍼포먼스를 비교했다.

퍼포먼스란 AND 게이트 실험에서 게이트가 올바르게 작동한(무리를 형성하는 개체의 80퍼센트 이상이 기대되는 출력 게이트에 도달한) 비율이다.

실험은 각각 100회 실행했다. 외적 요동은 기본 속도의 성분에 더

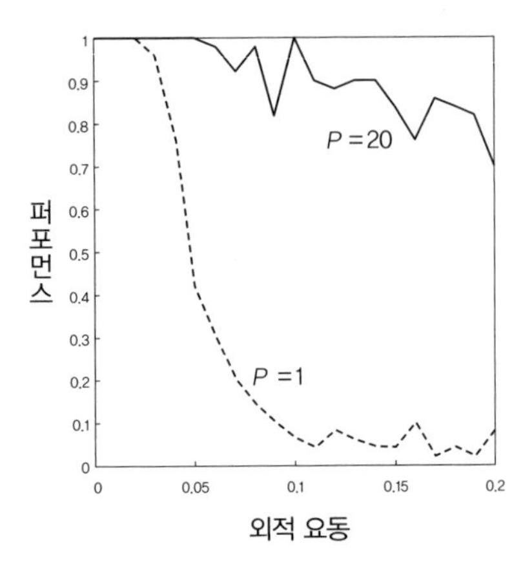

그림4-26 가능적 천이의 수가 20개 존재하고 상호예기가 실효적인 무리 모델에 따라 구현된 AND 게이트의 외적 요동에 대한 퍼포먼스(P=20)와 가능적 천이가 한 개뿐인 보이드형 무리 모델에 구현된 AND 게이트의 외적 요동에 대한 퍼포먼스(P=1).

하는 속도 변이의 기본 속도에 대한 비율 최대값으로 정의했다. 상호예기로 형성되는 무리에서는 외적 요동이 증대한다고 퍼포먼스가 떨어지는 일은 그다지 없지만 보이드형 무리에서는 외적 요동이 증대함에 따라 퍼포먼스가 급격히 떨어진다.

이렇게 해서 동적인 무리는 스스로 '사물'화함으로써 역으로 극히 견고한 계산기가 된다는 것을 이해할 수 있다.

제5부

무리의 의식

조건에서 경험으로

로봇은 집단이 되면 지성을 갖는가

무리는 의식을 갖는가. 이 책에서는 '사물'과 '것'을 축으로 삼아 이 문제를 논의했다. '사물'이란 조작 가능하고 대상화된 개체 또는 개체의 집단이고 '것'이란 전체로서 성립하는 사태, 양상이다. 닮은 개념으로 외연, 내포라는 것이 있다. 곤충에 대해 투구풍뎅이, 밀잠자리 등 구체적 개체를 열거해서 설명하는 것이 외연이 되는 설명이고 겹눈, 여섯 개의 다리, 하는 식으로 곤충의 일반적 속성을 설명하는 것이 내포가 되는 설명이다.

내연과 외연은 끊임없이 쌍을 이루지만 '사물'과 '것'이 항상 양의적이라고는 할 수 없다. 수많은 모래 입자의 경우 모래 입자의 집단이라는 '사물'의 속성은 명료하지만 전체로서의 '것'성은 보이지 않는다. 방대한 수의 모래 입자로 이루어진 입자의 집합체는 그러한 전체로서의 '것'성 때문에 모래산이라 불리고 '사물'성은 무시된다.

처음 본 것인데도 어쩐지 그리움을 느끼는 데자뷔나 항상 보는 것인데도 새로움을 느끼는 자메뷔라는 어떤 종류의 착각이 있다. 이것도 '사물'과 '것'이라는 개념을 빌어 생각하면 이해하기 쉽다. '사물'에 관해 알 수 없지만 '것'에 관해 알 수 있는 것이 데자뷔이고 '사물'에 관해서는 알지만 '것'에 관해서는 알지 못하는 것이 자메뷔라 말할 수 있다.

통상 '사물'도 '것'도 양의적으로 알기 때문에 우리는 그것에 대해 객관적 지식으로서 앎과 동시에 어떠한 주관적인 질감도 느낀다. 그러나 이 양의성은 항상 있는 것은 아니어서 극단적인 경우에는 '사물'만 혹은 '것'만이 지각된다. 여기서 역으로 우리는 '사물'과 '것'이 역동적으로 조정되며 그 배분을 자유롭게 바꾸는 것은 아닌가 하는 느낌을 받는다.

이리하여 우리는 '사물'과 '것'의 엄연한 구별을 제시하면서 양자의 미분화성으로 전회하고 '사물'과 '것'이 분화하고 융합하는 과정의 운동으로서 신체나 의식을 구상하는 가능성을 모색했다.

'사물'과 '것'의 관계성은 첫 번째로 신체에서 예시되었다. 조작 가능한 신체 부위의 총체로서의 신체 도식, 귀속하는 전체로서 구상되는 신체 이미지의 쌍은 '사물'로서의 신체와 '것'으로서의 신체가 이루는 쌍이었다.

그러나 현재의 뇌과학 및 인지과학은 실험을 통해 신체 도식과 신체 이미지가 서로 독립적인 속성이 아니라, 어떤 경우에는 독립적으로 보이고 어떤 경우에는 구별 불가능하게 보여서 역동적으로 서로 조정調停되는 양상이라는 것을 보여준다.

즉 양자는 어떤 경우에는 미분화 상태이고, 환경에 따라 분화하며 다시 미분화 상태로 변화(융합)해서 관계성을 변질시킨다고 생각할 수 있다.

의식과 무리, 그 양자에서 '사물'과 '것'의 관계를 발견하는 도구가 스웜인텔리전스다. 영어사전에서 스웜swarm을 찾아보면 "(벌이나 개미 등의) 떼, 우글우글대는 무리"라고 정의한다. '무리의 지성'이란 어떠한 것일까.

예컨대 무리를 구성하는 하나하나의 로봇은 지성을 갖지 않는 '사물'이다. 그렇지만 그 집단 전체에서는 지성이라는 사건, 즉 '것'이 자기조직화된다. 이것이 스웜인텔리전스 연구자가 의도하는 바다.

그렇지만 여기에 이르러 '사물'과 '것'이라는 두 양상은 엄연히 구별되면서도 어떤 문제를 품게 된다. '것'을 전혀 포함하지 않는 '사물'만으로 '것'이 자기조직화된다고 언명하기 위해서는 '것'의 형성을 미리 구상할 수 없고 상정 외부가 필요하다.

상정 내부인가 상정 외부인가 하는 판단과, 출현한 현상이 시스템에 있어 좋은가 나쁜가 하는 판단은 본래 독립되어 있다. 그러나 '것'의 자기조직화라는 현상은 상정 외부였던 '것'이 시스템에 좋은 성격을 부여하는 현상이다.

그것은 시스템을 결코 무너뜨리지 않고 지속 가능성을 만족하는 것이다. 그러므로 상정 외부인 것과 지속 가능성으로 볼 때 바람직한 것이라는 평가는 연관이 있어야만 한다. 그것은 단지 한 번뿐인 현상이 아니라 시스템에 내재하고 시스템을 끊임없이 갱신하는 것이어야만 한다.

상정 외부의 현상은 끊임없이 계기되고 그때마다 그 현상이 지속 가능성에 기여한다. 자기조직화란 그러한 현상이다. 그러므로 '사물'에서 '것'이 자기조직화된다고 하기 위해서는 상정 외부인가 상정 내부인가 하는 현상에 대한 판단과 인지된 현상에 대한 평가가 무릇 연관되어야만 한다.

스웜인텔리전스의 전망

상정 내부인가 싱정 외부인가 하는 판단은 시스템 스스로의 경계를 안에서 봐서 상대화하는 '것'으로서의 판단이고, 한편으로 인지된 대상의 좋고 나쁨에 관한 평가는 시스템 경계 내부에서 실행되는 '사물'로서의 판단이다. 이것들은 수준이 다른 판단이고, 판단 자체에 있어서 '사물'과 '것'의 쌍을 이룬다.

그러므로 '사물'에서 '것'이 자기조직화되는 현상은 '사물'과 '것'을 엄연히 구별하면서 동시에 양자의 미분화성도 포섭한 생성 및 발전 과정이어야만 한다.

스웜인텔리전스는 공학적 목적 아래 지적 계산을 실현하는 구조다. '사물'의 층위와 '것'의 층위를 독립적으로 다른 평가자가 실행하면서 연구자 사회 내에서 두 층위는 상호작용해왔다.

즉 무리의 개체 간 상호작용을 프로그램화하고 구현하는 '사물' 층위와 전체로서 출현하는 지능이라는 '것' 층위가 분리되어 평가자가 복수 존재하는 것은 자연스럽다. 이렇게 해서 무리로서의 전체가 효율적으로 어떤 계산을 실현하도록, 그러한 개체 간 상호작용을 발견해왔다.

다만 여기서 잠시 연구의 역사나 성과를 잊고, 오히려 그 역사성이 공학적 스웜의 상호작용에 내재한다고 생각해보자. 그러면 '사물'과 '것'의 층위가 다르다는 것을 확인하면서, 동시에 양자가 혼연일체가 되는 상호작용을 확인할 수 있다.

스웜인텔리전스의 논의를 경유함으로써 무리의 의식이라는 문제의 전망이 선다. '무리의 지능'이란 '사물'에서 '것'이 자기조직화되는 현상이다. 이를 기꺼이 인정해야 한다.

단 이것을 인정한다면 상정 외부에 대처하고 지속 가능성을 유지하는 현상—자기조직화—을 철저하게 옹호할 필요가 생긴다. 평가자에게서 '사물'과 '것'의 분화 및 융합이 계기함을 여기서 인정하게 된다.

로봇의 무리로 어떤 계산 목적을 실현하기 위해서는 '사물'과 '것'의 분화 및 융합을 실현하는 평가자는 사회 속에 매입됨으로써 실현한다. 그러나 현실의 동물 무리에서 환경과 갖는 관계를 판단하고 스스로의 상호작용을 바꿔 지속 가능성을 유지하려고 하는 평가자는 무리 자체여야만 한다. 무리 자체에서 '사물'과 '것'의 분화 및 융합이 구현되어야 하는 것이다.

그것이 바로 '하나의 지능' '하나의 의식을 갖는 무리'를 구상하는 방법이다.

보이드의 한계

새나 물고기, 메뚜기 등의 곤충류, 말코손바닥사슴이나 누 등의 초식포유류 무리를 설명하는 종래의 모델은 보이드라 불리는 모델이 기본이다. 제2부에서 기술했듯이 가상공간 안을 무리 지어 나는 새, 버드안드로이드가 보이드라는 이름의 유래였다.

보이드에서 개체 간에 가장 중요한 상호작용 규칙은 속도의 동조, 즉 진행 방향을 주위의 다른 개체와 맞추는 것이다. 이 동조 과정 속에 주위를 관찰하는 하나의 개체(사물)와 전체로서 관측되는 주위의 개체군(것)의 대치가 있다.

각 개체는 자유롭게 주위와 독립적으로 운동함으로써 '사물'성을 발휘한다. 한편 동조로서 나타나는 전체는 하나의 사건이자 '것'이다. 그러므로 동조란 '사물'과 '것'을 대립 도식 속에 두면서 '사물'을 '것'에 종속시켜 해소하는 장치로 생각할 수 있다. 여기에 '사물'과 '것'의 양립은 없다. 개체가 뿔뿔이 흩어진 채 개성을 발휘하고 전체성을 유지하는 식으로 사회성을 담지하는 무리는 형성될 수 없다.

여기서는 '사물'과 '것'이 분화하고 융합하는 계기 같은 것도 인정될 수 없다. 기껏해야 속도의 동조와 개체의 자유를 적당히 배분해서 다소 흐트러진 무리를 실현하는 데 머무른다.

그러나 현실의 동물 무리는 개체의 자유와 무리로서의 전체성을 양립시켜, '사물'과 '것'을 양의적으로 보여준다. 무리 속에서는 운동방향이 격렬하게 교차하는 것을 확인할 수 있고 각 개체가 관찰하는 주위 공간인 근방은 그 정의가 불명료해질 수밖에 없다. 무리가 운동할 때 출현하는 천적이나 장애물 등에 의한 국소적인 기하학의 변화 때문에 근방 집단에 동조하는 것만으로 무리를 유지하기는 어렵다고도 보고된다.

이러한 현실의 무리 데이터나 모델을 사용한 최근의 해석은, 무리에서 '사물'과 '것'이 양립한다는 점을 강하게 시사한다. '사물'의 성격인 무리 내부의 요동이 무리가 갖는 하나의 전체성(것)에 적극적으로 기여한다. 우리는 이러한 새로운 무리의 이미지와 마주한다.

다수의 시간이 병렬적으로 진행하다

하나의 해석, 유일한 시간에서 '가능적인 것'과 '실현되는 것'은 시간의 전후를 만들어낸다. 가능적인 복수의 것에서 하나가 선택되고 실현되는 과정이야말로 인과율이고, 다르게 말하면 시간 발전이기 때문이다.

가능성에서 하나를 선택한다. 여기에 동조가 도입되면 다양하게 운동하던 개체는 그 진행 방향에 맞추어, 동조에만 기초한 무리를 형성한다.

그러나 다양한 개체와 다양한 시간 축을 인정할 때, 인과율은 일률적으로 진행하지 않는다. 어떤 개체가 원인에서 결과를 얻을 때 다시 다른 개체에서는 결과가 선행하고 거기서는 원인을 구상하는 일밖에 할 수 없다.

다양한 개체, 다양한 시간 축을 인정하는 한 무리에서 '사물'과 '것'의 양립-분화 그리고 융합 과정이 잇따라 일어난다. 이러한 귀결은 필연적이다. 시간 축이 다양해질 때, 동일시간면은 물결치고 시간은 비동기적으로 진행한다.

또한 인과율의 다양성은 하나의 개체가 계층 구조를 갖는 것에도 영향을 준다.

개체는 내부 구조가 없는 원자가 아니라 내부에 계층 구조를 갖는 선택 담체다. 그러므로 하나의 개체라도 어떤 계층에서는 가능적인 것에서 실현되는 것이 선택되고 어떤 계층에서는 실현된 것에서 가능적인 것이 개설된다. 그것은 선택과 예기가 양립하면서 진행하는 시간 발전을 낳는다.

선택(가능에서 실현으로)과 예기(실현에서 가능으로)가 병렬적으로 진행하는 다수의 개체로 이루어진 시스템에서 개체와 사회, '사물'과 '것'은 대립 개념이 아니다.

주위와 관계없이 독립적으로 운동하는 개체의 능동성과 '우리'성을 봉쇄하고 완전히 주위에 동조하는 수동성은 오히려 그 중간 형태를 비동기적 시간 속에서 실현한다. 이리하여 비동기적 시간 속에서 능동적 수동성과 수동적 능동성이 연달아 일어난다.

상호예기 모델(타조 클럽 모델)을 상기해보자. 수동은 능동자를 불러들이도록 그물을 둘러치고 어떤 종류의 사회성을 빚어낸다. 이리하여 형성된 미시적인 사회성(것) 중에서 능동자를 자인하는 '사물'을 선택한다.

분화되고 선택된 '사물'은 재차 '사물'과 '것'의 탈분화 과정으로 가고 '것'과 '사물'의 분화를 불러들이려 한다. 이것이 상호예기에 기반하는 무리 모델이 되었다.

상호예기에 기초한 무리 모델은 이제 '사물'과 '것'의 분화·융합 과정을 여러 층위에서 실현한다. 그렇다고 할 때 상호예기에 기초한 무리는 의식을 구성하려고 할 때의 요건을 충족한다.

상호예기 모델로 동물의 무리를 설명하다

현실의 동물 무리에서 상호예기는 실제로 일어날 것인가. 우리는 오키나와 현 이리오모테 섬의 개펄에 서식하는 남병정게의 대집단을 관찰, 실험하고 상호예기에 관한 몇 가지 증거를 제시했다.

그것들은 과거의 이력에 의존해서 주위 다른 개체의 운동을 예기하고 운동 방향을 결정한다. 집단의 밀도가 높고 경계가 명료한 무리임에도 불구하고 그 내부의 운동은 극히 어지럽고 통일성이 없어, 운동 방향에 대한 정향성은 매우 작다.

이것들은 전부 실제 남병정게 무리의 특징이다. 상호예기 덕분에 '사물'과 '것'을 양립시켜 내적 요동을 적극적으로 이용하는 역동적인 무리가 실현된다.

'사물'과 '것'의 미분화성에서 '것'과 '사물'이 분화하고 분위기를 만들어내는 개체군과 분위기 내에서 주위에 선택받아 돌출 행동을 취하는 개체가 분화한다. 이리하여 무리의 일부로서 돌출 행동을 하는 '사물'이 출현한다. 이러한 행동의 전형적 사례가 개체로서는 기피하는 간조 때의 수로에 무리로서는 침입하는 남병정게의 특이한 행동이다.

이 현상은 수동적 능동자의 선택이라는 상호예기 모델에 특징적으로 나타나는 '국소적 사물화'로 잘 설명할 수 있다. 어떤 종류의 소란스러운 상태에서 물속으로 침입하기 때문에 다른 개체와 거리가 멀어져 물속에서 독립해버리는 개체는 수로 속에 남겨진다. 남병정게에게서 확인되는 이런 행동도 상호예기 모델로 적확하게 설명할 수 있다.

흩어져 산개하던 개체의 집단이 모여, 하나의 무리로서 행동함으로써 전체로서의 동향이 나타나는 현상은 "집단에서의 것"을 "하나의 무리라는 사물"로 유도하는 '사물'화(정확히는 "전체성이라는 '것'을 띤 '사물'을 형성하는 사물·것의 분화 과정")다.

이러한 '사물'화(사물·것의 분화)는 무리 내부에서도 다양한 층위에서 일어난다. 무리 내부에서 발생하는 가장 국소적인 '사물'화는 무리의 선두를 달리고 때로는 수로로 침입한다. 무리를 구동하는 개체의 선택일 것이다.

무리의 선두를 달린다는 돌출 행동도 상호예기 속에서 끊임없이 수동적 능동자를 선택함으로써 일어난다. 여기서는 사물·것의 분화에 이어서 융합도 일어나기 때문에 선두에 선 것은 끊임없이 교체되며 '사물'화는 중단되지 않고 계속 일어난다.

'사물'화는 하나의 무리 층위, 개체 층위에서 일어날 뿐 아니라 무리 속의 어떤 영역에서 형성되는 경우도 있고, 붕괴하는 경우도 있다. 이것으로 구성요소 층위와 전체 층위의 중간 영역에 해당되는 다양한 크기의 '사물'화를 관찰할 수 있다.

하나의 안정된 무리 속에 출현하는 스케일프리한 '강상관 영역'이라는 '사물'화에서는 무리의 전체성이 발견된다. 무리의 일부 영역을 끊임없이 벗겨내 무너뜨리고 재차 무리를 형성하는 운동은 주기진동, 무리의 시계를 실현했다. 여러 개의 무리를 마련해서 이것들이 충돌하는, 하나의 무리보다 큰 층위가 준비된다면 무리는 계산 담체로서 사용이 가능해져 무리 계산기를 실현할 수 있다.

이렇게 무리에 대한 대처 방법이나 환경을 바꿔봄으로써 남병정게 무리로 시계, 신체, 계산기라는 세 가지 장치를 마련할 수 있었다. 시계는 철저히 닫힌 환경에서 '사물'이고, 신체는 철저히 열린 환경에서 '것'이다. 또 어느 정도 열린 환경에서 실현되는 계산 과정(계산기 사용자와 상호작용하는 데 열려 있어야만 하므로)은 반은 '사물'이고 반은 '것'인 체재를 보여준다.

'사물'과 '것'이 무지개의 색과 같이 연속적으로 연결된 '사물·것 스펙트럼' 속에서 환경에 따라 거침없이 모습을 바꿀 수 있는 성격이야말로 무리 속에서 사물·것의 미분화성이 담보되고 역동적으로 사물·것이 분화와 융합을 반복한다는 증거다.

무리 내부에서 복수의 '사물'화가 출현하고 이 '사물'들을 조작해서 최종적으로 하나의 '것'이 형성된다면 그것은 스스로 입력 상태를 만들어내고 계산하며 출력하는 과정이 된다. 이러한 '사물'은 일부의 개체군이 만들어내는 부분 영역이고 상대적으로 상관이 좀더 강한 부분의 무리로서 형성될지도 모른다.

즉 무리는 자율적인 '사물'화를 통해 외계에서 오는 자극에 대한 이미지를 무리 내부의 강상관 영역으로서 형성하고 이것들을 조작,

계산해서 외계를 판단할 수 있다. 그것은 의식을 사물·것의 분화성으로 구상할 수 있을 것이라는 당초의 의도를 만족시키는 것임에 틀림없다. 그것은 감각하고 계산하며 판단하는 의식이다.

튜링 테스트

그러나 의식이나 마음은 어떤 정의를 만족할 때 의식이나 마음이라고 불리지는 않는다. 의식이나 마음이 그 판정 조건을 확정 기술로 지정할 수 있는 것은 아니기 때문이다. 판정 조건에 따라 규정되는 것은 문자 그대로 '사물'이다.

계산기 과학의 기초를 만든 앨런 튜링은 인공지능에 관해서도 독자적인 제안을 했다. 바로 튜링 테스트라는, 지능에 관한 판정 조건이다.

커튼 이쪽에는 판정자인 인간이 있다. 커튼 너머에는 판정되는 인간과 기계(인공지능)를 배치한다. 판정자는 판정되는 인간과 기계에게 동시에 같은 질문을 하고 각각에게 회답을 받는다. 이 질의응답은 통상적인 일상 대화 수준이지만 키보드와 모니터를 통해 실행되며 회답 내용 이외의 정보는 얻을 수 없다. 대화는 다음과 같은 것이 상정된다.

질문: 70764 더하기 34957은?

대답: (30초 정도 침묵한 뒤) 105721.

질문: 체스는 가능한가?

대답: 그렇다.

질문: 나는 (체스판 위) e1의 위치에 K(킹)를 갖고 있고 다른 말은 없다. 당신은 e3에 K, a8에 R(룩)만을 갖고 있다. 당신 차례다. 어떻게 할 것인가?

대답: (15초 정도 침묵한 뒤) R을 a1로, 체크메이트다.

이러한 대화를 통해 판단자는 커튼 너머에서 대답하는 대상 중 어느 쪽이 인간인가를 판정한다. 어느 쪽이 인간이고 어느 쪽이 기계인지 판정할 수 없다면 그 기계는 인간과 같은 정도로 지적이라고 판정하자는 것이 튜링 테스트의 제안이다.

튜링 테스트는 잘 만들어져 있다. 가장 잘 만들어졌다고 생각되는 부분은 커튼 너머에 있는 것이 기계만이 아니라 기계와 인간이라는 복수의 응답자라는 점이다. 질문자의 저편에 언제나 한 대의 기계가 있다는 전제라면 당연히 거기에는 기계적인 행동이 있을 것이라는 억견이 생기고 테스트로서 기능하지 않는다. 커튼 너머에 어떤 경우에는 기계, 어떤 경우에는 인간이 있다면 그러한 억견을 피할 수 있다. 이제 커튼 너머에 있는 것이 기계인가 사람인가를 판정하면 된다.

만약 커튼 너머의 응답자가 한 사람밖에 없다면 질문자와 응답자의 대화는 어떤 리듬, 문명화할 수 없는 어떤 스토리로 수렴되고 하나의 개념을 만들어내고 만다. 즉 질문자와 응답자의 질의응답이 반복되는 것은 '사물'화되어버리는 경향을 갖는다.

응답자가 두 사람인 경우, 의도의 유무와는 관계없이 한쪽은 다른

쪽에 대한 위화감을 자아낸다. 이리하여 질문자와 한쪽 응답자 사이의 대화가 어떤 리듬을 갖고 '사물'화되는 것을 막는다. 응답자가 두 사람이기 때문에 질의응답 반복의 '사물'화는 방지되고 '사물'과 '것'의 미분화성이 담보되며, 또한 사물·것의 분화 및 미분화가 반복된다. 그것은 본래의 질의응답을 순수한 경험으로서만 성립시킨다.

그러나 그럼에도 불구하고 튜링 테스트는 판정 조건이다. 판정하라는 전제가 대화를 '사물'화해버린다. '사물'화하는 것이 판정이라는 조작을 가능케 하기 때문이다.

의식이란 무엇인가, 마음이란 무엇인가 하고 물을 때 그것은 진짜 의식이란 무엇인가, 의식의 본질이란 무엇인가 하는 본질론의 형태를 취한다. 그러한 본질론은 스스로의 대답으로서 판정 조건을 요구하고 현상의 '사물'화를 요구한다. 이러한 본질론을 회피하는 것이 오히려 건전한 전략이다.

'의식이나 마음을 인공적으로 구축하자'는 전략에서 발견된 "사물·것의 분화 및 융합 과정의 반복"으로서 의식은 원리적으로 '사물'화를 막는다.

'사물'화를 통해 이해할 수 없기 때문에 바로 '사물·것 스펙트럼'으로서의 모습을 보여주게 된다. 그렇기 때문에 비로소 환경, 관찰자에 따라 어떤 경우에는 시계(사물), 어떤 경우에는 신체(것), 어떤 경우에는 계산기로서 나타난다. 역으로 그러한 시스템은 상대에 맞춰 대응을 바꿀 수 있는, 상대에게서 경험되는 현상이다.

의식은 판정되는 '것'이 아니라 경험되는 사물·것 스펙트럼이다. 무리는 의식을 갖는가라는 질문은 무리가 '경험되는 현상'이라는 것을 통해 역으로 '경험될 수밖에 없는 의식'임을 재인식시키는 질문이라고 할 수 있다.

후기

나는 인공생명이 가장 유행하던 1990년대에 그 상징처럼 선언되었던 새 무리 모델 '보이드'에 전혀 흥미를 갖지 않았다. 이 모델에서 각 개체는 주위 10미터로 결정된 범위를 가지면서 그 범위 내에 있는 다른 개체에 진행 방향을 끊임없이 맞춘다. 무리를 구성하는 전원은 결과적으로 같은 방향으로 진행하게 되고, 이렇게 해서 무리가 형성된다. 여기에 개성이라는 것은 존재하지 않는다. 전원이 같은 것을 생각하고 같은 행동을 하기 때문에 무리에서 하나의 전체성(정렬된 무리, 단순한 사회성)이 나타난다. 개성은 요동에 의해 표현될 뿐이다. 주위에 맞추려고 생각해도 조정 능력이 불완전하면 정렬은 흐트러진다. 이 흐트러짐이 개성이 된다. 사회성(정렬하는 것)과 개성은 원래 대립하는 것으로 상정된다. 양자를 적당하게 배분할 수는 있다. 그러나 그것은 어중간하게 흐트러진 무리를 만들어낼 뿐이다.

찌르레기 무리의 화상 해석이 발전하여, '현실의 새 무리는 보이드에서 상정하는 그런 단순한 것이 아니다'라는 취지의 논문이 발표되었을 때, 나는 그렇다면 무리가 연구 대상으로서 재미있을지도 모른다고 생각하기 시작했다. 일반적으로 개체의 자유와 개성은 사회의 규범이나 질서와 단적으로 모순되는 듯 여겨진다. 그러나 실은 모종의 일관성을 만들려는 역학 속에 이미 어떤 종류의 모순이 내포되어 있는 것은 아닐까. 오히려 이 역학에서 끊임없이 일탈하려고 하는 개체의 자유, 개성이야말로 결과적으로 사회성을 실현하는 것은 아닐까. 최종적으로 우리는 그러한 이미지를 생물의 무리 속에서 발견한다.

일관성을 만들려는 역학 속에 본래 모순이 내포되어 있지만 그것은 모델이나 이론을 만드는 자의 사정으로 말미암아 은폐된다. 예컨대 보이드 무리를 생각해보면 거기에는 자신의 주위를 보다·보이다의 관계가 있고, 능동적으로 보는 것과 수동적으로 보이는 것의 관계를 대칭적이고 동시적인 작용으로 가정함을 알아챌 수 있다. 그리고 이러한 대칭성과 동시성은 특별히 보이드에만 한정되는 것이 아니라 물리적인 온갖 상호작용에서 상정된다. 이 대칭성과 동시성이 실은 본래 있어야 할 모순을 은폐한다.

시간의 진행이 동시적인가 비동시적인가 하는 문제는 많은 사람에게 어찌되어도 좋은 이야기로 비칠지도 모른다. 요컨대 무리를 시뮬레이션하기 위한 복잡한 절차나 구조로 간주하고 그러한 차이는 무시해버리는 것이다. 그러나 여기에는 사실 결코 무시해서는 안 될 중요한 사항이 숨어 있다.

수동 및 능동의 비대칭성에 관해 주의를 환기하기 위해, 우선 포

스트모던 철학자 들뢰즈가 D. A. F. 드 사드와 레오폴드 폰 자허마조흐를 논의한 부분을 살펴보기로 하자(Deleuze, G. *Présentation de Sacher-Masoch*, Édition de minuit, Paris, 1967). 젊은 사람들은 '극사디'ドS나 '극마조'ドM라는 표현을 종종 쓴다. 그것은 성적 기호라는 특화된 속성이 아니라 각각 능동적, 수동적 자세를 나타내는 단어인데 상황에 따라 좀더 복잡한 뉘앙스를 갖는 듯하다. 다만 명령하고 상대를 공격함으로써 흥분하는 사드, 복종하고 상대에게 조종당함으로써 흥분하는 마조라는 용법은 지켜지고 있다. 이렇다고 할 때 사디즘과 마조히즘은 항상 대칭적으로, 그 관계가 표리일체인 듯 생각되기 십상이다. 상대를 괴롭히고 들볶음으로써 쾌감을 얻는 사디스트적 성격은 괴롭힘당하는 상대의 괴로워하는 모습으로 말미암아 비로소 흥분하는 것이므로, 거기에는 마조히스트적 성격이 있다. 역으로 마조히스트는 자신을 괴롭히고 고통을 주는 상대를 상상하고 자신을 포섭한 상대의 이미지에 흥분한다고도 말할 수 있다. 그러므로 마조히스트의 심정 또한 사디스트와 표리일체다.

들뢰즈는 바로 그러한 사디즘과 마조히즘이 이루는 대칭성이라는 환상을 사드와 자허마조흐로 되돌아가 폭로한다. 결론은 지극히 명쾌하다. 사드와 자허마조흐는 표리일체이긴커녕 층위 자체가 다르다. 제도를 대상화하고 상대에게 강요하는 자가 사디스트고 미규정적 제도 속에서 상대를 채찍질하는 자를 향해 훈육하고 여기에서 가르치고 배우는 관계를 맺는 자가 마조히스트다. 사디스트는 부단히 부정否定하는 자로, 부정의 결과를 관념으로서 스스로의 이미지 속에 재

배분한다. 즉 철저하게 스스로 설계하고 제어하는 제도를 상대에게 강요하며 자신은 그 제도의 외부로 한 발자국도 나가지 않는다. 사디스트는 타자를 인식할 수 없다. 이에 비해 마조히스트는 제도의 부인否認에서 출발하여 이를 유보한 채로 둔다. 마조히스트는 스스로를 채찍질하는 자를 명령함으로써 구성할 수 없다. 그것이 가능한 이는 사디스트뿐이다. 그러므로 마조히스트는 모든 것을 수동적이 되고자 구상하고 스스로가 수동자임을 담보한 채로 훈육을 실행한다. 그것은 고문자 후보를 타자로 인정하고 그가 스스로를 배신하는 본성의 사디스트라는 것까지 각오한 채 실행된다. 사디스트 때문에 마조히스트의 계획은 무너진다. 마조히스트는 '아프게 해줘' 하고 간청하고, 사디스트는 이것을 '거절한다'며 물리친다. 양자의 만남은 철저한 모순을 의미한다.

즉 수동·능동이라는 태도 속에는 압도적인 비대칭성이 있다. 이것은 본래 보이드의 보다·보이다라는 능동·수동에서도 확인할 수 있다. 그러나 인접한 개체끼리 동시에 보는·보이는 것에 의해 양자의 비대칭성은 사라져버린다. 그것은 현실의 상호작용이 아니며 어디까지나 모델의 사정이고, 이론가의 사정이다. 즉 보이드에서는 각 개체가 모두 같은 순간을 살고, 다른 순간을 사는 자, 더 정확히 말한다면 다른 인과관계를 사는 자의 존재는 인정하지 않는다. 전원이 타이밍에 관해 같기 때문에 수동과 능동의 본질적인 차이는 은폐되어버린다.

역으로 각 개체가 각자 뿔뿔이 흩어져 완전히 다른 타이밍으로 움직인다면 능동, 수동의 비대칭성이 드러난다. 이것이 이 책에서 전개하는 무리 모델의 기본이다. 모두가 뿔뿔이 흩어져 있다는 것은 본래 능동적으로 앞으로 움직이는 것은 자신뿐이라 생각하고 운동하고, 수동적으로 움직이는 것은 주위와의 관계를 생각하면서 움직임을 의미한다. 여기에는 자신과 타자의 관계를 보는가, 자신으로서만 닫혀 있는가 하는 명확한 비대칭성이 있다. 이 비대칭성이야말로 일관성을 만들려는 역학 속에 있는 모순이다. 전원이 동시에 타인과의 관계를 본다면 무리에서 충돌하는 일도 없고 정렬할 수도 있을 것이다. 그러나 능동과 수동의 비대칭성은 타자와의 관계를 보는 것과 보지 않는 것의 차이이므로, 한쪽이 일관성을 구축하려 해도 다른 쪽이 이것을 파괴한다. 양자의 만남은 단적인 자유, 단적인 사회라는 세계(정렬하는 세계)에서 보면, 그 어느 쪽도 될 수 없는 모순을 의미한다.

시간이 동시에 진행하지 않음으로써, 즉 모두가 다른 타이밍으로 운동함으로써 수동과 능동의 비대칭성이 나타나고 모순이 나타난다. 그렇지만 동시에 이 어긋난 타이밍을 이용해 모순 자체가 완화되고 약화된다. 왜냐하면 다른 타이밍에서 출현하는 상이한 능동과 수동은 동시적인 타이밍으로 상정되는 상호작용이나 운동과 달리 운동이나 상호작용의 범위 자체를 그때마다 변화시켜버리기 때문이다. 극히 역설적이지만 능동적이라는 것은 주위와 관계없이 자신이 제멋대로 능동적인 것이 아니라 주위와의 관계에서 결과적으로 능동적으로 되어버린다는 것을 의미한다. 수동적이라는 것도, 이른바 타자를 능동적으로 만들기 위해 능동적으로 수동적이 된다. 상세한 내용에 관해서는 본문을 읽어봐주었으면 한다. 어쨌든 각 개체가 다른 시간에 사는, 철저히 흩어진 집단에 의해 집단의 일관성을 만들어내는 역학에 내재하는 모순—수동과 능동의 비대칭성—은 드러나게 됨과 동시에 약해진다. 그 결과로 무리는 개체의 분방하고 제멋대로인 운동을 유지하면서 전체로서 명확한 조화를 이룬 채 진행한다. 인터넷상에 올려둔 동영상으로 그 모양을 꼭 봐주었으면 한다.

오키나와현 이리오모테섬에서 수행한 병정게와 남병정게 촬영은 효율이 나빴지만 즐거웠다. 때로는 비행기가 태풍으로 날 수 없게 되어 이시가키石垣섬에 발이 묶였다. 매일 아침 비행장에서 탑승 순서를 확인하고 오늘도 안 되는구나 하며 숙소로 돌아와 더위에 잠이 들어버렸다. 그런 반복도 어느새 기분 좋게 느껴졌다. 본격적인 병정게 연구는 이제부터다. 지금부터 학생들과 이리오모테의 개펄로 가서, 무리 속에서 사회의 원기原器를 관찰할 것이다.

2013년 6월 10일

참고문헌

Adamatzky, A., 2003, *Collision-Based Computing*, Springer, Berlin.

Adamatzky, A., Costello B. L. and Asai, T., 2005, *Reaction-Diffusion Computers*, Elsevier, London.

Adamatzky, A. and Costello, B. L., 2007, Binary collisions between wave-fragments in a sub-excitable Belousov-Zhabotinsky medium, *Chaos, Solitons & Fractals*, 34, 307-315.

Badcock, D.R., Hess R.F. and Dobbins K., 1996, Localization of element clusters: Multiple cues, *Vision Research*, 36, 1467-1472.

Ballerini, M., Cabibbo, N., Candelier, R., Cavagna, A., Cisbani, E., Giardina, I., Orlandi, A., Parisi, G., Procaccini, A., Viale, M. & Zdravkovic, V., 2008a, Empirical investigation of starling flocks: A benchmark study in collective animal behavior, *Animal Behavior*, 76, 201-215.

Ballerini, M., Cabibbo, N., Candelier, R., Cavagna, A., Cisbani, E., Giardina, I., Lecomte, V., Orlandi, A., Parisi, G., Procaccini, A., Viale, M. & Zdravkovic., V., 2008b, Interaction ruling animal collective behavior depends on topological rather than metric distance: Evidence from a field study, *PNAS*, 105, 1232-1237.

Bazazi, S., Buhl, J., Hale, J.J., Anstey, M.L., Sword, G.A., Simpson, S.J. & Couzin, I.D., 2008, Collective motion and cannibalism in locust migratory bands, *Current Biology*, 18, 735-739.

Becco, Ch., Vandewalle, N., Delcourt, J. & Poncin, P.,2006, Experimental evidences of a structural and dynamical transition in fish school, *Physica* A, 367, 487-493.

Beckers R, Deneubourg J.L and Goss S., 1993, Modulation of traillaying in the ant

Lasius niger and its role in the collective selection of a food source, *J Insect Behav*, 6, 751–759.

Bertin, E., Droz, M. & Grégoire, G., 2009, Hydrodynamic equations for self–propelled particles: microscopic derivation and stability analysis, *J Phys A: math and Theor*, 42, 445001.

Bocheva N. and Mitrani L., 1993, Model for visual localization. *Acta neurobiol Exp(Wars)*, 53, 377–384.

Botvinick, m. and Cohen, J., 1998, Rubber hands 'feel' touch that eyes see, *Nature*, 391, 756.

Bradshaw, C. and Scoffin, T.P., 1999, Factors limiting distribution and activity patterns of the soldier crab *Dotilla myctiroides* in Phuket, South Thailand, *Mar. Biol*, 135, 83–87.

Buhl, J., Sumpter, D.J.T., Couzin, I.D., Hale, J.J., Despland, E., Miller, E.R. & Simpson, S.J., 2006, From Disorder to Order in marching locusts, *Science*, 312, 1402–1406.

Bulatov, A., Bertulis A. and Mickiene L., 1997, Geometrical illusions: Study and modelling, *Biol Cybern*, 77, 395–406.

Calenbuhr V., Chrétien L., Deneubourg J.L. & Detrain C., 1992, A model for osmotropotactic orientation (Ⅱ), *J Theor Biol*, 158, 395–407.

Carere, C., Montanino, S., Moreschini, F., Zoratto, F., Chiarotti, F., Santucci, D. & Alleva, E., 2009, Aerial flocking paterns of wintering starlings, *Sturnus vulgaris*, under different predation risk, *Animal behavior*, 77, 101–107.

Cavagna, A., Cimarelli, A., Giardina, I., Parisi, G., Santagi, R., Stefanini, F. & Viale, M., 2010, Scale–free correlations in bird flocks, *PNAS*, 107, 11865–11870.

Cooper M. R., & Runyon R.P., 1970, Error increase and decrease in minimal form of Muller–Lyer illusion. *Percept Motor Skill*, 31, 535–538.

Couzin, I.D., 2007, Collective minds, *Nature*, 445, 715.

Couzin, I.D., 2008, Collective cognition in animal groups, *Trends in Cog.Sc.*, 13, 36–43.

Couzin, I.D., Krause, J., Franks, N.R. & Levin, S.A., 2005, Effective leadership and decision–making in animal groups on the move, *Nature*, 433, 513–516.

Couzin, I.D., Krause, J., James, R., Ruxton, G.D., & Franks, N.R., 2002, Collective memory and spatial sorting in animal groups, *J Theor Biol*, 218, 1–11.

Cruse, H., Dürr, V. and Schmitz, J., 2007, Insect walking is based on a decentralised architecture revealing a simple and robust controller, *Philos. Trans. R. Soc. London*, A 365, 221–250.

Cui, X., Gao J. and Potok T. E., 2006, A flocking based algorithm for document clustering analysis, *Journal of Systems Architecture*, 52, 505–515.

Czirók, A., Ben–Jacob, E., Cohen, I. & Vicsek, T., 1996, Formation of complex

bacterial colonies via self–generated vortices, *Phyl Rev* E 54(2), 1791–1801.
Deneubourg J.–L., Aron S., Goss S. & Pasteels J.M., 1990, The self–organizing exploratory pattern of the Argentine ant, *J Insect Behav*, 3, 159–168.
Deneubourg J.–L., Pasteels J.M. & Verhaeghe J.C., 1983, Probabilistic behaviour in ants: a strategy of errors? *J Theoret Biol*, 105, 259–271.
Detrain, C. & Deneubourg, J.–L., 2006, Self–organized structures in a super organism: do ants "behave" like molecules? *Physics of Life Reviews*, 3, 162–187.
Dewar R.E., 1967, Distribution of practice and the Müller–Lyer illusion, *Percept Psychophys*, 3, 246–248.
Doniec, A., Espié S., Mandiau, R. and Piechowiak, S., 2005, Dealing with multi–agent coordination by anticipation: application to the traffic simulation at junctions, *Proc, EUMAS'05*, 478–485.
Dyer, J.R.G., Ioannou, C.C., Morrell, L.J., Croft, D.P., Couzin, I.D., Waters, D.A. & krause, J., 2008, Consensus decision making in human crowds, *Animal Behaviour*, 75, 461–470.
Ehrsson, H.H., 2007, The experimental induction of out–of–body experience, *Science*, 317, 1048.
Erlebacher A. and Seculer R., 1969, Explanation of the Müller–Lyer illusion: confusion theory examined, *J. Exp. Psychol*, 80, 462–467.
Elwood, R. W., 1995, Motivational change during resource assessment in hermit crabs, *J. Exp. Mar. Biol. Ecol.*, 193, 41–55.
Elwood, R. W. and Appel, M., 2009, Pain experience in hermit crabs? *Animal Behaviour*, 77, 1243–1246.
Femüller C. and malm H., 2004, Uncertainty in visual processes predicts geometrical optical illusions, *Vis Res*, 44, 727–749.
Gallagher, S., 2000, Philosophical conceptions of the self: Implications for cognitive science, *Trends Cognit. Sci.*, 4, 14–21.
Gorecki, J., Gorecka, J.N., Yoshikawa, K., Igarashi, Y. and Nagahara, H., 2005, Sensing the distance to a source of periodic oscillations in a nonlinear chemical medium with the output information coded in frequency of excitation pulses, *Phys. Rev.* E. 72, 046201.
Gregory R.L., 1966, *Eye and Brain: The Psychology of Seeing*, McGraw Hill: New York.
Gregory R.L., 1963, Distortion of visual space as inappropriate constancy scaling, *Nature*, 199, 678–680.
Gunji, Y–P., Niizato, T., Murakami, H. & Tani, I., 2010, Typ–ken(an alagam of type and token) drives Infosphere, *Knowledge, Technology and Policy*, 23, 227–251.
Gunji, Y–P., Shirakawa, T., Niizato, T., Yamachiyo, M. & Tani, I., 2011, An

adaptive and robust biological network based on the vacant-particle transportation model, *J. Theor. Biol.*, 272, 187-200.

Gunji, Y-P., Murakami, H., Niizato, T., Adamatzky, A., Nishiyama, Y., Enomoto, K., Toda, M., Moriyama, T., Matsui, T. and Iizuka, K., 2011, Embodied swarming based on back propagation through time shows water-crossing, hour glass and logic-gate behavior, *Advances in Artifical Life*(Lenaerts, T. et al. eds.), pp.294-301.

Gunji, Y-P., Nishiyama, Y. and Adamatzky, A., 2011, Robust soldier crab ball gate, *Complex Systems*, 20, 94-104.

Gunji, Y-P., Murakami, H., Niizato, T., Adamatzky, A., Nishiyama, Y., Enomoto, K., Toda, M., Moriyama, T., Matsui, T. and Iizuka, K., 2011, An Embodied swarm in co-creation, *Proceeding of SICE Annual Conference*, 2587-2589.

Gunji, Y-P., Murakami, H., Niizato, T., Nishiyama, T., Tomaru, T. and Adamatzky, A., 2012, Robust swarm model based on mutual anticipation: swarm as a mobile network analyzed by rough set lattice, *International Journal of Artificial Life Reserch*, 3(1), 45-58.

Gunji, Y-P., Murakami, H., Niizato, T., Sonoda, K. and Adamatzky, A., 2012, Pasively active-actively passive: Mutual anticipation in a communicative swarm, In: *Integral Biomathics: Tracing the Road to Reality*(eds. Plamen L. Simeonov, Leslie S. Smith, Andree C. Ehresmann), Springer Verlag, pp. 169-180.

Gunji, Y-P., and Sakiyama T., 2012, rigin of Meta-Symbol : navigation and Point Logic, *Proceedings of SCIS-ISIS*, Kobe, 1191-1194.

Hamaguchi, K., 1995, The relation between the Müller-Lyer Illusion and the Angle Illusion, *Jpn J Psychonomic Sci*, 13, 89-92.

Hazlett B.A., 1981, The behavioral ecology of hermit crabs, *A Rev Ecol Syst*, 12, 1-22.

Hayakawa, Y., 2010, Spatio-temporal dynamics of skeins of wild geese, *EPL*, 89, 48004.

Helbing, D., Schweizer, F., Keltsch, J. & Molnar, P., 1997, Active walker model for the formation of human and animal trail systems, *Phys Rev E*, 56(3), 2527-2539.

Hemelrijk, C.K., Hindenbrandt, H., Reinders, J. & Stamhuis, E., 2010, Emergence of oblong school shape: models and empirical data of fish, *Ethology*, 116, 1099-1112.

Hildenbrandt, H., Carere, C. & Hemelrijk, C.K., 2010, Self-organized aerial displays of thousands of starlings: a model, *Behavioral Ecology*, 21(6), 1349-1359.

Howe, C.Q. and Purves D., 2002, Range image statistics cam explain the anomalous perception of length, *PNAS*, 99, 13184-13188.

Howe, C.Q. and Purves D., 2005a, natural-scene geometry predicts the

perception of angles and line orientation, *PNAS*, 102, 1228–1232.
Howe, C.Q. and Purves D., 2005b, The Müller–Lyer illusion explained by the statistics of image–source relationships, *PNAS*, 102, 1234–1239.
Huepe, C. & Aldana M., 2004, Intermittency and clustering in a system of self–driven particles, *Phys Rev Lett*, 92, 168701.
Jeanson, R., Ratnieks, F.L.W. and Deneubourg, J.–L., 2003, Pheromone trail decay rates on different substrates in the Pharaoh's ant, *Monomorium pharaonis*. *Physiol. Entomol.*, 28, 192–198.
kaneko, K., 1989, Pattern dynamics in spatiotemporal chaos: pattern selection, diffusion of defect and pattern competition intermittency, *Physica* D, 34, 1–41.
Klar, A. and Wegener, R., 2000, Kinetic derivation of macroscopic anticipation models for vehicular traffic, *SIAM J. Appl. Math.*, 60(5), 1749–1766.
Kunz, H. & Hemelrijk, C.K., 2003, Artificial fish schools: collective effects of school size, body size, and body form, *Artificial life*, 9, 237–253.
Kripke, S. A., 1983,『ウィトゲンシュタインのパラドックス』, 黑崎宏 譯, 産業圖書.
Lenggenhager, B., Tadi, T., metzinger, T. & Blanke, O., 2007, Video ergo sum: manipulating bodily self–consciousness, *Science*, 317, 1096–1099.
Lungarella, M. and Sporns, O., 2006, mapping information flow in sensorimotor networks, *PLoS Comp. Biol.*, 2, 1301–1312.
Lukeman, R., Li, Y.–X. & Edelstein–keshet, L., 2010, Inferring individual rules from collective behavior, *PNAS*, 107, 12576–12580.
Mailleux, A.–C., Deneubourg J.–L., and Detrain C., 2000, How do ants assess food volume? *Animal Behavior*, 59, 1061–1069.
Margolus, N., 1984, Physics–like models of comoutation, *Physica*, D 10, 81–95.
Merwe V.D. and Engelbrecht, A.P., 2003, Data clustering usung particle swarm optimization, *Proceeding of IEEE Conference on EC 2003*, 1, 215–220.
Murakami, H., niizato, T. and Gunji, Y.–P., 2012, A model of a scale–free proportion based on mutual anticipation, *International Journal of Artificial Life Research*, 3(1), 34–44.
Müller–Lyer FC., 1896, Zur Lehre von den optischenTaushungen über Kontrast und Konfluxion (zweiter Artikel), *Z Psychol*, 10, S421–S431.
Nagy, M., Ákos, Z., Biro, D. & Vicsek, T., 2010, Hierarchical group dynamics in pigeon flocks, *Nature*, 464, 890–893.
Nalbach H. O., Nalbach G. & Forzin L., 1989, Visual control of eye–stalk orientation in crabs: vertical optokinetics, visual fixation of the horizon, and eye design, *Journal of Comparative Physiology*, A 165, 577–587.
Nisiyama Y., Gunji, Y.–P., & Adamatzky, A., 2012, Collizion–based computing implementaed by soldier swarms, *Int. J. Parallel, Emergent and Distributed Systems*, DOI: 10.1080/17445760.2012.662682.

Niizato, T. and Gunji, Y–P., 2011, Metric–topological interaction model of collective behavior, *Ecological Modeling*, 222(17), 3041–3049.

Niizato, T. and Gunji, Y–P., 2012, Fluctuation–Driven flocking Movement in Three Dimensions and Scale–Free Correlation, *PlosOne*, 7, e35615.

Peter J. F.D., Hsi–Te Shih & Chan, B.K.K., 2010, A new species of *Mictyris guinotae*(Decapods, Brachyura, Mictiridae) from Ryukyu Island, Japan, *Crustaceana Monographs*, 11, 83–105.

Pfeifer, R. and Scheier, C., 2001, *Understanding Intelligence*, The MIT Press, Cambridge.

Pfeifer, R., Lungarella, M. and Iida, F., 2007, Self–organization, embodiment, and biologically inspired robotics, *Science*, 318, 1088–1093.

Pfeifer, R., Bongard, J., 2010, 『知能の原理：身体性に基づく構成論的アプローチ』, 細田耕, 黑田章夫 譯, 共立出版.

Ramachandran, V.S. & Rogers–Ramachandran, D., 1996, Synaesthesia in phantom limbs induced with mirrors, *Phil. Trans. of the R. Soc. London. B*, Biol. *Sci.*, 263(1369), 377–386.

Ramachandran, V.S. & Hirstein, W., 1998, The percpetion of phantom limbs, The D.O. hebb lecture, *Brain*, 121, 1603–1630.

Reynolds, C.W., 1987, Flocks, herds, and Schools: A distributed Behavioral Model, *Computer Graphics*, 21(4), 25–34.

Romanczuk, P., Couzin, I.D. & Schimansky–Geier, L., 2009, Collective motion due to individual escape and pursuit response, *Phy Rev Lett*, 102, 010602.

Rosen, R., 1985, *Anticipatory Systems: Philosophical, mathematical and Methodological Foundations*, Pergamon Press.

Rosenstein, M.T., Collins J.J. and De luca, C.J., 1993, A practical method for calculating largest Lyapunov exponents from a small data sets, *Physica*, D 65, 117–134.

Saber R.O., 2006, Flocking for multi–agent dynamic systems: algorithms and theory, *Automatic Control, IEEE Transactions*, 51(3), 401–420.

Saber R.O. and Murray R.M., 2003, Flocking with obstacle avoidance: cooperation with limited communication in mobile network, *Decision and Control, Proceedings* 42th *IEEE Conference*, 2, 2022–2028.

Sakiyama, T. & Gunji, Y.P., 2013, Garden ant homing behavior in a maze task based on local visual cues, *Insectes Soc*, 60, 155–162.

Shumaker, R.W., Walkup, K.R. & Beck, B.B., 2011, *Animal tool Behavior: The Use and Manufacture of Tools by animals*, John Hopkins Univ. Press.

Shih, J.T., 1995, Population–densities and annual activities of *Mictyris brevidactylus*(Stimpson, 1858) in the Transhui mangrove swamp of northern Taiwan, *Zool. Stud.*, 34, 96–105.

Simpson, S.J., Sword, G.A., Lorch, P.D. & Couzin, I.D., 2006, Cannibalism crickets on a forced march for protein and salt, *PNAS*, 103, 4152–4156.

Sonoda, K., Asakura, A., Minoura, M., Elwood, R.W. and Gunji, Y.-P., 2012, Hermit crabs perceive the extent of their virtual bodies, *Biol Lett.*, 8, 495–497.

Sumpter, D.J.T., 2010, *Collective Animal Behavior*, Princeton Univ. Press, Princeton.

Sumpter, D.J. & Beekman M., 2003, From nonlinearity to optimality: pheromone trail foraging by ants, *Animal Behavior*, 66, 273–280.

Synofzik, M., Vosgerau, G. & Newen, A., 2008, Beyond the comparator model: A multifactorial two-step account of agency, *Consciousness and Cognition*, 17, 219–239.

Tsakiris, M., Prabhu, G. & Haggard, P., 2006, Having a body versus moving your body: how agency structures body-ownership, *consciousness and Cognition*, 15, 423–432.

Tsai L.S., 1967, Müller-Lyer illusion by the blind, Percept Motor Skill, 25, 641–644.

Treiber, M., Kesting, A. & Helbing, D., 2006, Delays, inaccuracies and anticipation in microscopic traffic models, *Physica*, A 360, 71–88.

Varela, F.J., Thompson, E.T. and Rosch, E., 1992, *The Embodied Mind: Cognitive Science and Human Experience*, The MIT Press, Cambridge.

Vicsek, T., 2001, *Fluctuations and Scaling in Biology*, Oxford Univ. Press, Oxford.

Vicsek, Y., Czirok, A., Ben-Jacob, E., Cohen, I. & Shochet, O., 1995, Novel type of phase trasition in a system of self-driven particles, *Phys Rev Let*, 75, 1226–1229.

Vicsek, T. & Zafeiris A., 2010, *Collective Motion. Arxiv Preprint arXiv: 1010.5017, arxiv.org.*

Vignemont, de F., 2011, Embodiment, ownership and disownership, *Consciousness cognition*, 20, 82–93.

Yates, C.A., Erban, R., Escudero, C., Couzin, I.D., Buhl, J., Kevrekidis, I.G., Maini, P.K. & Sumptern D.J.T., 2009, Inherent noise can facilitate coherence in collective swarm motion, *PNAS*, 106, 5464–5469.

Ward, R., Casco C. & Watt R.J., 1985, The location of noisy visual stimuli, *Canadian J. Psychol.*, 39, 387–399.

Zeil, J., Nalbach G. & Nalbach H.O., 1986, Eyes, eye stalks and the visual world of semi-terrestrial crabs, *Journal of Comparative Physiology*, A 159, 801–811.

무리의 시뮬레이션 동영상은 인터넷상에 업로드했다. 주소는 본문의 도판 설명 참조.

옮긴이의 말

과학의 최전선에서 일어나고 있는 일에 흥미가 많은 독자라면 스웜인텔리전스 등 무리 연구의 존재를 이미 알고 있거나, 이것이 뇌세포와 의식의 관계와 같이 개체의 자유 및 집단에서 나타나는 질서라는 현상과 유비적이라는 설명을 쉽게 이해할 수 있을 것이다. 이는 인터넷 링크의 연결관계, 유전자 간의 복잡한 관계망이 특정 형질을 발현시키는 수학적 짜임새를 연구하는 네트워크 이론과도 통하며, 주로 군사적 목적으로 수행되는 드론의 집단 비행 연구와도 관련이 있다. 크게 보면 자기조직화 임계현상 등 복잡계 과학의 영역에 속한다.

보이드나 실제 동물 무리의 움직임에 대한 연구가 어떤 역사적 변천과 발전을 겪었는지는 이 책에서 상세하게 설명하고 있으니, 이해하기가 어렵지 않으리라 생각된다. 문제는 군지 페기오유키오의 이론과 모델이 독특하고 난해하다는 점에 있다. 그의 초기 저작들이 주로 자기 이론의 철학적 함의를 설명하는 데 집중했다면(『원생계산과 존재론적 관측原生計算と存在論的観測』『생명이론生命理論』 등), 최근 저작들은 그 기술이 간단해지며 구체적인 모델을 제시하는 데 더 많은 지면을 할애하고 있다는 것이 그 하나의 이유가 될 것이다.

핵심이 되는 발상은 '것'과 '사물'이 서로의 안에서 자신을 발견하는 양파 같은 중층구조가 우리 인식의 근저에 있다는 것이다. '신체 이미지'와 '신체 도식', 토큰token과 타입type, 원소와 집합 등 짝을 이루는 여느 개념쌍에서도 마찬가지의 현상을 발견할 수 있다. 각자 완전히 갈라놓고 생각하면 종국에는 어떤 역설 내지 모순에 부딪히게 되고, 현상은 설명할 수 없는 채로 남는다. 사고를 극단까지 밀어붙이면, 우리는 오히려 '것'에서 '사물'의 요소를 발견하고 '사물'에서 '것'의 요소를 발견하게 된다. 이것을 인정하고 여기서 출발할 때 논리적 모순은 오히려 변화를 구동하는 긍정적 전개의 계기로 작동한다. 개념쌍이 갖고 있는 상호 내포성을 좀더 명확하게 드러내고, 개념의 독립성과 대립성을 약화시켜 혼효하기 쉽도록 고안해낸 것이 '수동적 능동성' 및 '능동적 수동성'이라는 개념이다. 여기에 복수의 시간 축을 교차시키는 '법칙의 비동기적 적용'이라는 개념을 추가한다. 독자는 이 개념들이 공고한 대립적 함의를 동요시키고 약화시키며, 그 대립쌍의 양립, 분화, 융합을 반복하기 위한 것임을 염두에 두면서, 이들이 등장할 때마다 주목하며 읽어주기를 바란다.

여기서 상전이라는 복잡계 과학의 대표적인 개념은 그 함의를 수

정해야 한다. 상전이 현상의 대표적인 이미지는 H_2O의 온도에 따른 상태 변화일 것이다. 특정 임계 온도에 이르지 않는 한 H_2O의 상태는 얼음에서 물로(0도), 물에서 증기로(100도) 변화하지 않으며, 이 임계점에서만 급격히 변화한다. 자기조직화 임계 현상이라는 개념이 내포하는 바도 유사하다. 경험과학으로서 바로 그 특정 값을 경험하지 않으면 알 수 없긴 하지만, 극히 좁은 값의 범위에서만 변화가 발생하는 것이다. 도처에서, 모든 시간에서 변화, 창발, 자기조직화의 잠재성을 부여하는 것. 그리하여 존재는 생성, 것은 사물임을 드러내는 것. 이것이 새로운 복잡계 이론의 과제이자 지향점이다.

번역어에 대해 조금 언급하고 끝을 맺자. 일본어 こと와 もの는 각각 '의식이나 사고의 대상으로서의 사태, 사건, 사정, 상태', 그리고 '구체적이고 감각적으로 포착되는 대상, 물체, 물건'이라는 의미로 사용된다. 우리말에서는 이에 대응하는 뉘앙스를 가진 짧은 단어가 없어 각각 것과 사물로 옮겼다. 우리말 '것'은 문맥에 따라 일상적으로는 '사물'과 같은 뜻으로 사용되기도 하나, 이 책에서는 '~인 것' 내지 '~하는 것'이라는 형태로, 어떤 사건 내지 사태로서 포착되는 것을 나타내는 원래 용법으로 쓰였다. 군지 페기오유키오는 두 개념을 여러 곳에서 대비시켜 설명하고 있으므로 독자는 여기에도 유념하여 읽어주기를 바란다.

통상의 물리학이나 생물학과 같은 정석대로의 과학 교양서가 아닌, 영문 모를 수상한(?) 이론을 주장하는 책의 번역 출판을 받아

들여준 글항아리 출판사에 감사를 드린다. 또한 자꾸만 늦어지는 작업에 고생했을 편집자 여러분께도 감사와 사죄의 말씀을 드리고 싶다.

박철은

무리는 생각한다

개미에서 로봇까지, 복잡계 과학의 최전선

초판 인쇄 2018년 11월 28일
초판 발행 2018년 12월 5일

지은이 군지 페기오유키오
옮긴이 박철은
펴낸이 강성민
편집장 이은혜
편집 이두루 박은아
마케팅 정민호 이숙재 정현민 김도윤 안남영
홍보 김희숙 김상만 이천희

펴낸곳 (주)글항아리 | 출판등록 2009년 1월 19일 제406-2009-000002호
주소 10881 경기도 파주시 회동길 210
전자우편 bookpot@hanmail.net
전화번호 031-955-8891(마케팅) 031-955-2663(편집부)
팩스 031-955-2557

ISBN 978-89-6735-567-8 93470

글항아리는 (주)문학동네의 계열사입니다.

이 도서의 국립중앙도서관 출판시도서목록(CIP)은 서지정보유통지원시스템 홈페이지(http://seoji.nl.go.kr)와 국가자료공동목록시스템(http://www.nl.go.kr/kolisnet)에서 이용하실 수 있습니다. (CIP제어번호 : CIP2018037705)